应用型普通高等院校艺术及艺术设计类规划教材

产品设计手绘与思维表达

主　编　王艳群　张丙辰

副主编　宋丽姝　章　勇

熊　伟　周兴军

北京理工大学出版社

BEIJING INSTITUTE OF TECHNOLOGY PRESS

内 容 提 要

本书结合设计草图，线条造型，色彩体感和二维、三维软件效果图的产品设计案例，展示了创意的设计理念、技巧和色彩表现，以及手绘设计图在创意过程中的地位和用途。简而言之，就是将手绘教学与实际产品设计相结合，让读者在设计中学习手绘。

本书主要供艺术设计类相关专业学生使用，也可供自学者及设计爱好者参考。

图书在版编目（CIP）数据

产品设计手绘与思维表达 / 王艳群，张丙辰主编.—北京：北京理工大学出版社，2019.7（2024.7重印）

ISBN 978-7-5682-7291-9

Ⅰ.①产…　Ⅱ.①王…②张…　Ⅲ.①产品设计—绘画技法　Ⅳ.①TB472

中国版本图书馆CIP数据核字（2019）第146538号

出版发行 / 北京理工大学出版社有限责任公司
社　　址 / 北京市海淀区中关村南大街5号
邮　　编 / 100081
电　　话 /（010）68914775（总编室）
（010）82562903（教材售后服务热线）
（010）68948351（其他图书服务热线）
网　　址 / http：//www.bitpress.com.cn
经　　销 / 全国各地新华书店
印　　刷 / 河北鑫彩博图印刷有限公司
开　　本 / 787毫米×1092毫米　1/16
印　　张 / 7
字　　数 / 164千字
版　　次 / 2019年7月第1版　2024年7月第3次印刷
定　　价 / 42.00元

责任编辑 / 高　芳
文案编辑 / 李鹏飞
责任校对 / 周瑞红
责任印制 / 李志强

前言 Foreword

手绘是艺术创作的基点，艺术源于生活，对于生活的美好描绘是从手绘开始的。手绘可以将设计师头脑中的灵感通过流畅的线条跃然纸上。手绘不仅仅是一种技能，更是一种思维方式。手绘草图是一种速记式的思维外化的过程，我们经常会忽视草图与最后作品之间的联系，但是草图是记录和捕捉瞬间即逝的灵感的最好方式。手绘的过程就是设计师思考整个设计流程的过程，通常会涵盖最终作品中的所有细节和元素，甚至包含产品最后成型的技术方面的因素。

计算机建模让学生直接进入设计表达的第二步——执行。但是有太多的学生对于第一步——手绘草图还没有充分的准备。因为任何一个复杂曲面的线条都是从纸上开始的，手绘草图的表达贯穿设计的整个过程，画草图比在计算机上创作更加自由和高效，同时可以方便地在纸上浏览自己的构想。

本书秉承“从临摹，到超越，到创新”的理念，将手绘在产品整个设计思维过程中的不同表现形式进行分阶段的图形阐述。本书选取了日常生活中常见的七种产品，并分别从思维导图、构思草图、分析草图、结构与细节研究草图、二维效果图、三维数据模型、模型渲染场景图等方面用图文搭配的方式进行展示。希望通过这样的实例介绍方式，让初学者或设计爱好者更加明确手绘对于设计思维表达的作用。

手绘是伴随设计师一生的工作，画草图就像去健身房锻炼——坚持不懈地努力才会有成效。所以不管技法多么高超，时间和精力的投入是练好手绘的保障。

本书申报了“江苏师范大学‘十三五’第二批本科教育教学教材建设”项目（JYJC201820），并获得了立项。

本书由江苏师范大学王艳群老师统稿。江苏师范大学张丙辰老师进行了第二部分第四、五章的编写，王艳群老师进行了第一部分、第二部分第六至第十章的编写，宋丽姝进行了第三部分的编写，西南交通大学章勇老师、武昌理工学院熊伟老师、徐州工程学院周兴军老师做了第三部分的编写指导工作。江苏圣理工学院江也同学，江苏师范大学杨俞玲同学、祁芸林同学参与了全书文字和图形的整理工作，张钟鹤、孙宇涵、杨鹏、潘泽磊、张仁杰、薛峰、谢淑鑫、李星智、汤赟翌、徐海豪等同学提供了宝贵的手绘作品。

本书在编写过程中，承蒙江苏师范大学邢邦圣教授的指导，邢教授给予了很多中肯的修改意见，在此表示热忱的谢意。

由于编者水平有限，本书难免有疏漏之处，敬请各位读者批评指正。

编　者

目录 Contents

第一部分　设计表达概述

第二部分　设计表达技法解析

第一部分　设计表达概述

本书主要讲述与设计流程相关的各种设计图形的表达，以及这些设计图在设计流程中的作用。在设计进程的不同阶段对设计图形的展示要求也是不同的，有时需要将头脑中的构思快速地绘制在纸面上，有时需要将设计图画得极具吸引力和说服力，有时又需要将产品表现得非常精细。不论哪一种形式的手绘图形，都是为后期的设计创作服务的。

本部分主要介绍设计表达的重点以及在设计流程中会用到的表现图形的种类。

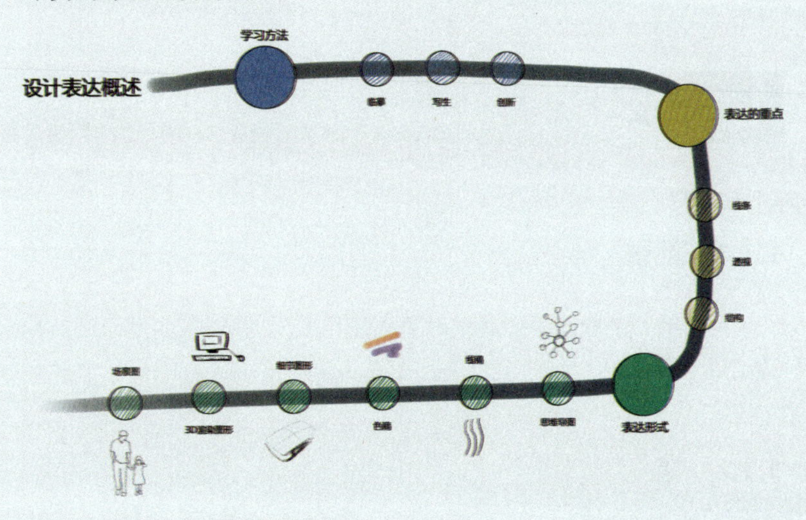

沉心静心地绘画，才能很好地表达你的创意

第一章　设计表达所用材料及工具

设计草图与设计效果图是产品设计中创意的基本表现形式，而工具和纸张是画面表达的主要媒介，任何手绘表现形式都离不开工具和纸张。因此，掌握和运用好工具和纸张，是画好设计草图与效果图的关键。

1.1 设计工具

1.1.1　纸张

用铅笔、色粉画草图线稿时可以使用A3或A4规格的复印纸；用水粉、马克笔上色时要使用马克笔专用纸。

1.1.2　笔

（1）黑色水溶性铅笔。铅笔在线稿表达方面的优势是方便，也更加适合初学者。铅笔笔尖有粗细的变化，易于绘制深浅不同的线条，一支铅笔可以让产品具有丰富的层次感和精细感。

（2）彩色水溶性铅笔。彩色水溶性铅笔可以直接在纸面上进行线条和色彩表现，也可以通过水的稀释和渐变进行涂抹，会得到细腻的颜色过渡效果。彩铅的颜色种类比较多，有18色、36色、48色、72色之分。

（3）马克笔。马克笔分为水性和油性两种，油性马克笔快干、耐水，而且耐光性相当好；水性马克笔颜色亮丽，透明感强。马克笔上色后不易修改，上色时由浅入深，层层叠加拉开层次。由于马克笔的快干性，上色时对于时间的掌控需要积累经验。同一种颜色的马克笔叠加颜色会加深，当第一层上色未全干时覆盖第二层色彩会有均匀过渡的渐变效果；如果第一层颜色已经干透再铺第二层色彩时会产生明显的笔触效果，一般在金属制品的反光处或产品明暗交界线处会运用这种方法表现。

（4）色粉笔。色粉笔的粉质细腻，可以用手指涂擦在纸上，上色效果柔和，也可以用纸或棉棒擦出细部效果。还可以用脱脂棉、面巾纸、质地柔软的布在面积广大的渐层部位着色。色粉的上色特点是过渡自然、柔和，一般用于表达有机形态的产品或者曲面过渡部位的上色。

1.1.3　其他工具

（1）尺子。部分直线型的产品可以用直尺辅助作图，但在构思阶段一般不用，以免影响构思的流畅性。

（2）固定液。用色粉上色时，一定要喷固定液，以免色粉掉落。喷的时候要离画面二三十厘米，均匀地喷在画面上。

1.2　设计步骤

1.2.1　临摹手绘图形

学习手绘的第一步就是临摹别人的作品，这是一种最直接和有效的学习方法。临摹的过程其实是一个认知思维建立的过程，可以在临摹中学习线条的意义，领会其中的奥妙，从而在脑海中建立一种用二维线条表达三维产品的概念。

通过临摹，可以学习怎样用线条表达产品的外轮廓、结构和细节，以及在二维的纸面上呈现具有空间感的产品实体。要学会用线条和色彩表达产品的体量感。

经过大量的临摹，才会在脑海里形成形体的概念。当我们不知道如何去表现一个面或者一个结构时，通过查看临摹的作品可以得到一些有效的启示，当这种记忆积累多了，便可以去自由地表现产品实体，甚至将设计思维灵活地展现出来，如图1-1所示。

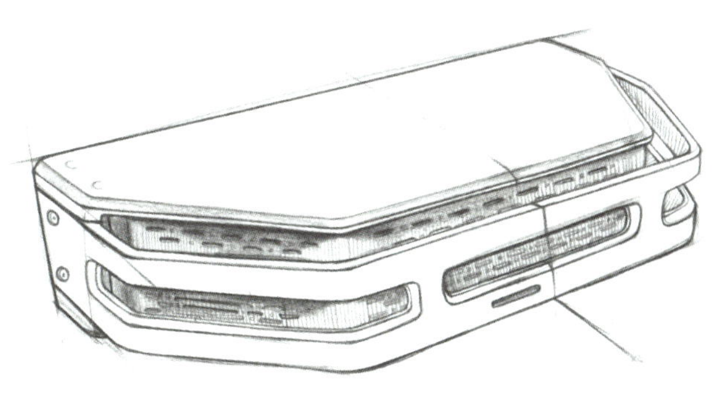

图1-1　产品临摹图形

1.2.2 写生产品实图

对于实际产品，初学者不知如何提炼线条和进行色彩表达。这的确需要一个很长的训练过程，在这个过程中，训练的重点不是怎样把眼睛看到的线条画出来，而是要训练眼睛需要看到什么，也就是通常所说的对图形的概括能力。此时，需要忽略产品本身的一些细节，去抓住产品大体的和主要的形体及转折关系；需要将产品本身很复杂的结构、细节用高度概括的形体进行表现，如图1–2、图1–3所示。

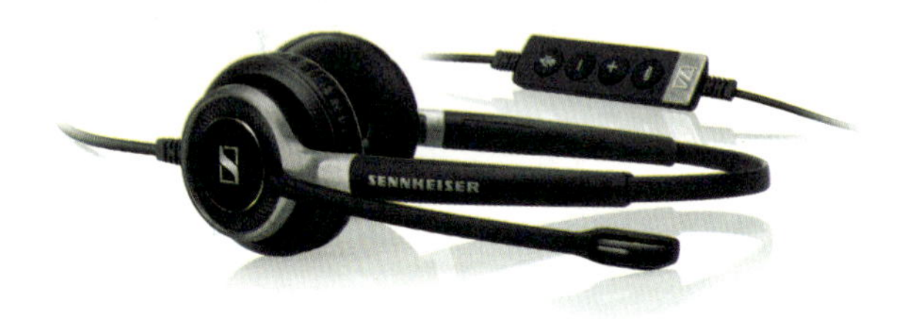

图1–2 耳机设计产品实图

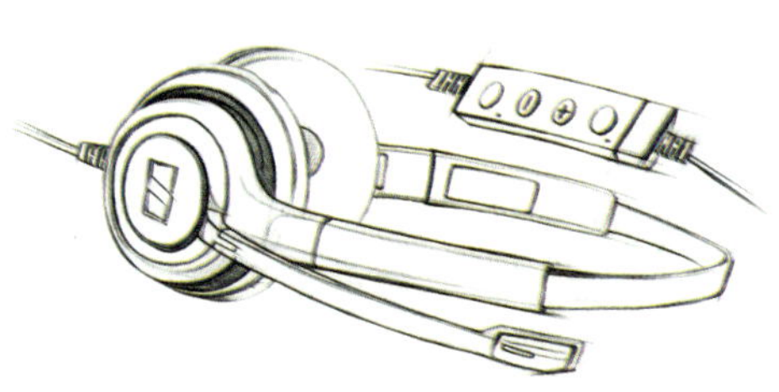

图1–3 耳机设计产品实图临摹

1.2.3 创新形态发散

创作时要时刻保持灵活开放的思维，在这一阶段，不要否定任何方案，而是要把头脑中的想法全部画在纸上，最重要的就是产生大量的创意图形，并不断地进行变形发散，最后将其总结成一个系列。这一阶段还包括在全部创意中做出选择，这些潜在的优秀创意日后可能发展成为真正的设计方案。

很多设计师喜欢把创意画在一个草图本中，在最初创意的基础上衍生出新的草图，在继续推敲的基础上又会发散出更多的创意概念，这样的一个草图本就像设计师的视觉创意的回忆录，集合了所有概念发想的变化过程。需要注意的是，我们不要去做任何评价，这样才会保持思维的状态是开放的，稍后再对这些草图和创意进行评价。

图1–4为剃须刀草图创作图例，这些图例告诉我们，在创作的开始我们应该积累更多的素材和图像意识，以便日后使用。在这个案例中，设计创意是以人的肢体与产品接触的关系为关键点来进行的。

通过头脑风暴发散以后，收集大量人的手掌抓握的动作可能，从中选择“最有趣”的动作，然后开始由结构入手调整造型。设计创意来源于思维的联想，这种联想是在短时间内创作出大量剃须刀草图的有效办法。

精确完美的运用绘画技巧并不是最主要的，轻松自在的绘图才更重要。坚持这样绘图，你将会拥有独特的风格。

——詹尼·奥尔西尼（Gianni Orsini）

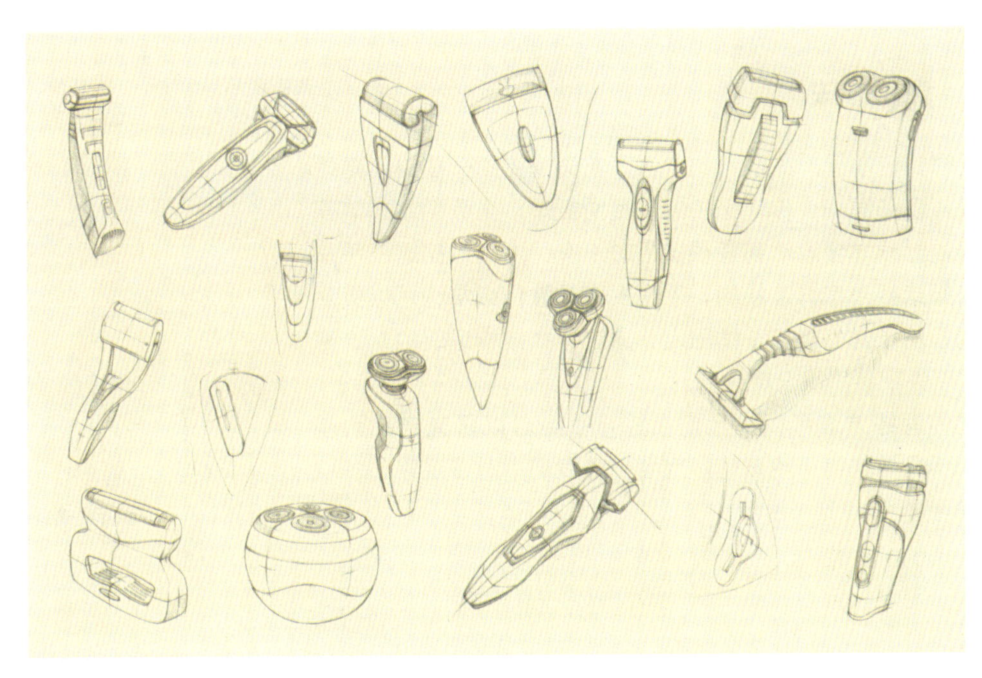

图1–4 剃须刀草图创作图例

设计师用设计手绘充分表达自己的设计思路是学习手绘的根本目的，但是初学者往往停留在临摹和对已有产品的手绘表达层面，在用草图表现自己的设计思路时难以达到临摹时的水平。这个问题与其说是技能问题，不如说是观念问题。很多时候我们急于表达自己的思维，而忽略了形式的问题。我们脑海中时刻需要有一种意识——一切都从轻松流畅的线条开始，如图1–5所示。

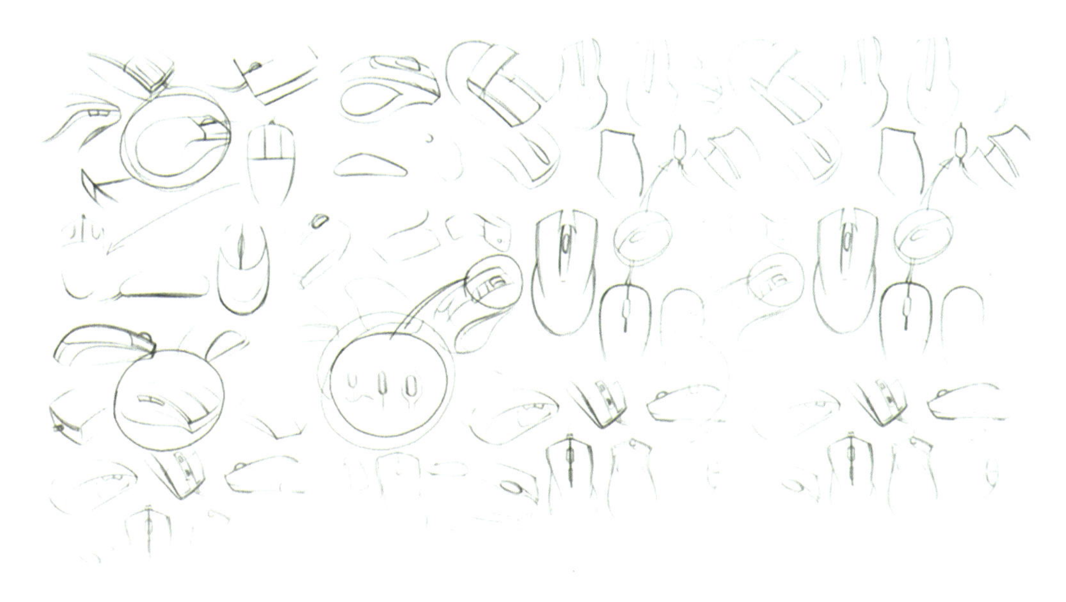

图1–5 鼠标草图创作

1.2.4 训练方法

要想快速掌握产品手绘的方法，首先需要画一些自己熟悉的产品，例如画一个你记忆中的儿童滑板车。当我们拿起笔开始绘画的时候才会意识到有很多平时没有关注过的问题：手扶支杆与脚踏板是怎样连接的？手扶支杆是靠什么结构可以灵活旋转的？轮子是怎样与车体固定并通过什么结构运转的？这都需要重新去观察、认识产品。

这种训练方法可以让我们在练习手绘时以研究产品为基础，而不是单纯用手绘表达，也会培养我们平时多观察、多积累的好习惯，如图1-6所示。

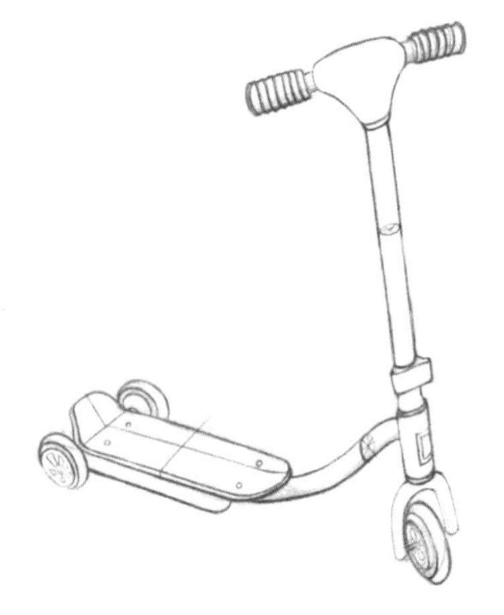

图1-6 滑板车手绘表达

第二章　设计表达要素提炼

2.1 线条

线条是手绘图形中给设计师第一视觉感受的东西。对线的掌握程度及熟练运用程度将会影响一幅手绘图形的整体效果，线条有时还会影响设计师对于一个设计概念的看法，其原因是所绘线条过于生涩阻碍了设计师对于设计概念的理解，所以要尽量绘制轻松、流畅的线条。

线条的训练主要有直线、弧线、自由曲线，圆形的训练。每种线条根据在画面中呈现的效果会有不同的训练方法，需要逐步进行训练。线条的练习也是一项持之以恒的工作，需要长期不间断地练习。

2.1.1　直线

在手绘表达中直线会被大量运用。画法表现上有渐入渐出式的，即两端虚中间实的表现方式；有一端实一端虚的表现方式；还有两端都实在的表现方式。这几种直线的画法在产品身上会有不同的运用，需反复进行练习。同时，要变换直线的方向，以便从多角度训练画直线的手感，如图2-1所示。

直线的表现效果要有力量感，线条要笔挺，宽度要一致，颜色要均匀，否则会影响视觉效果，如图2-2所示。

练习的时候需尽量画平行线，并保持相等的间距。产品表面的直线长短不同，所以手绘者练习的时候也需将长短线结合起来，尤其对于短线条，可以采用两端约束的方式，在中间排布平行线，这样的训练会提高手绘者对线的控制程度，如图2-3所示。

图2-1 直线的训练（一） 图2-2 直线的训练（二） 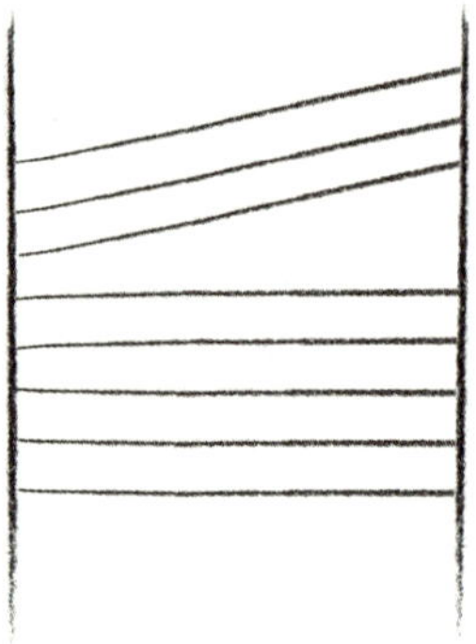 图2-3 直线的训练（三）

2.1.1.1 画直线的要求

在产品设计表达中，直线的表现效果讲究力量和干练。画线时，身体要坐直，笔杆握牢，手指和手腕保持不动，将手、小臂做直线推动动作，带动笔尖画出直线。尤其是绘制较长直线时，应以肩部为轴做直线推动动作，不要以手腕或肘部为轴甩动笔尖画线，否则画出的直线多是弧线。

2.1.1.2 直线在产品中的应用

直线型的产品在生活中很常见，直线在产品设计表达中的用途也很广泛，例如产品外轮廓线、结构线、部件线等。进行直线练习时，可以结合简单的几何形体进行练习，例如长方体、棱柱体，棱锥体等、也可以在基本几何体上做切削和叠加练习，如图2-4至图2-8所示。

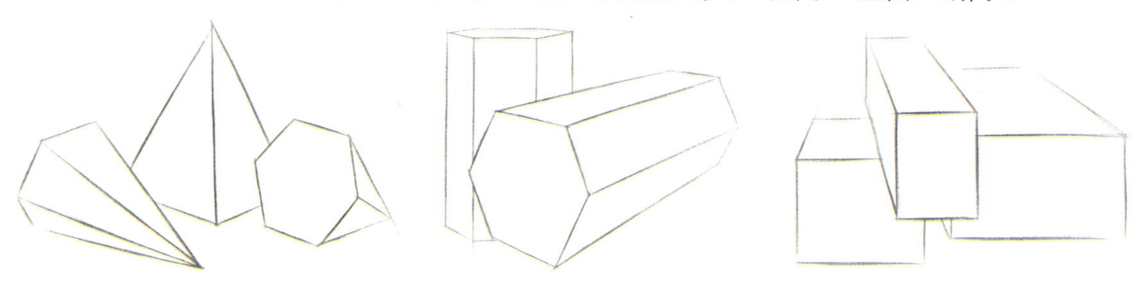

图2-4 直线在产品中的应用（一） 图2-5 直线在产品中的应用（二） 图2-6 直线在产品中的应用（三）

图2-7 直线在产品中的应用（四）

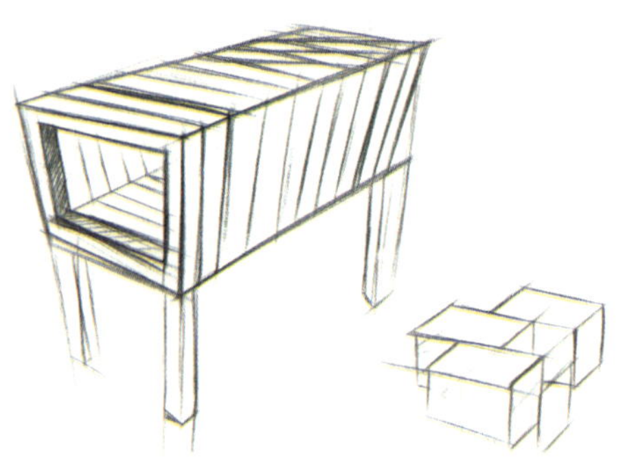

图2-8 直线在产品中的应用（五）

作业要求

（1）自由直线练习，A4纸张，每天10页。

（2）定边：确定两条边线，在此范围内徒手绘制直线，直线可以变换方向。A4纸张，每天5页。

（3）直线型几何体或几何体切削、叠加练习。A4纸张，每天2页。

2.1.2　弧线

产品除了运用直线表达，更多时候会运用弧线来表现具有张力的表面，例如冰箱、空调的前面板设计，甚至在汽车车身上我们找不到一根直线。所以，对于手绘表达，弧线的训练也是非常重要的。初学者会发现弧线的练习会比直线轻松一些，此时需要重点训练的是不同弧度的线形，例如更换弧度的大小、弧线的长短来使初学者的手腕更加灵活。

2.1.2.1　画弧线的要求

产品设计表达中，弧线的表现要有张力，线条要平滑流畅。绘制弧线时，手指和手腕需保持不动，靠小臂的环绕动作，带动笔尖画出弧线。同时要注意线条的深浅变化，弧线的端头部分颜色加重，开口部分逐渐虚出，如图2-9至图2-13所示。

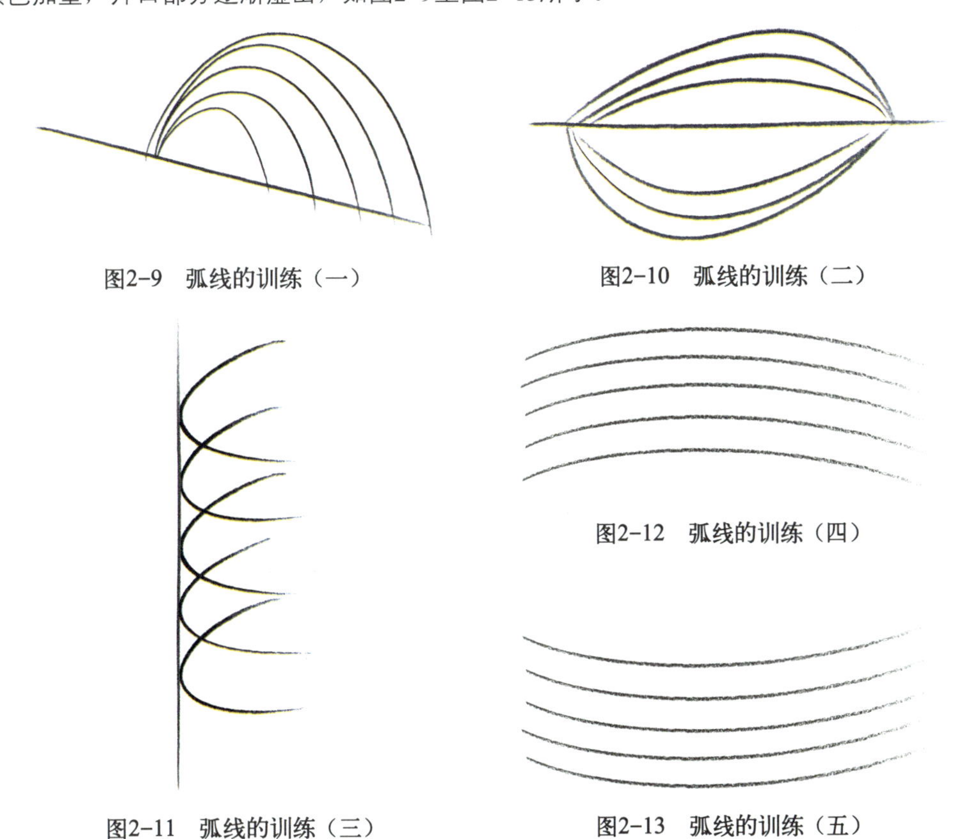

图2-9　弧线的训练（一）

图2-10　弧线的训练（二）

图2-11　弧线的训练（三）

图2-12　弧线的训练（四）

图2-13　弧线的训练（五）

2.1.2.2 弧线在产品中的应用

弧线在生活中很常见，并且在包含曲面设计的产品中应用广泛，例如过渡曲面、倒圆角处理等，如图2-14至图2-16所示。

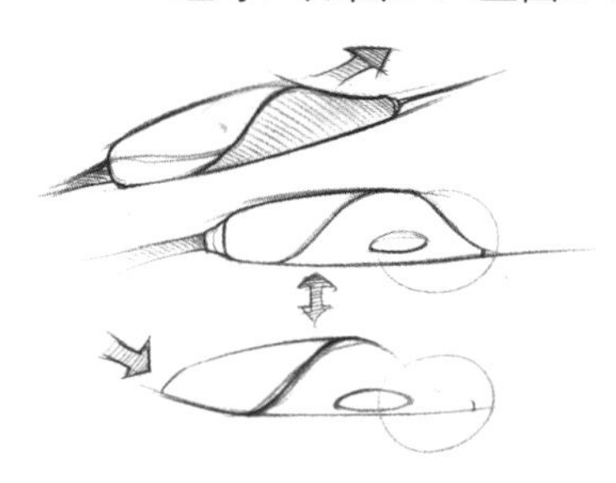

图2-14 弧线在产品中的应用（一）

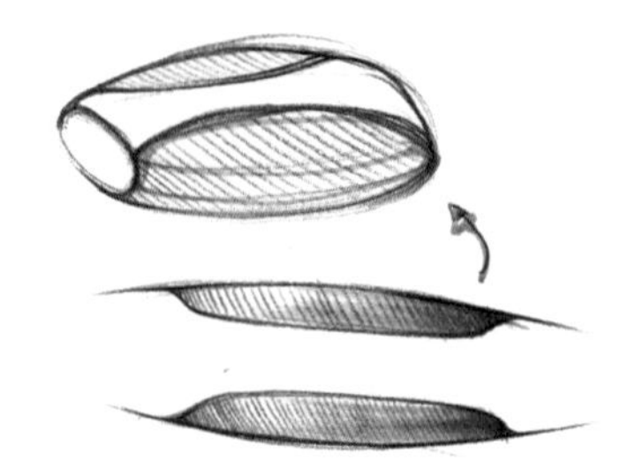

图2-15 弧线在产品中的应用（二）

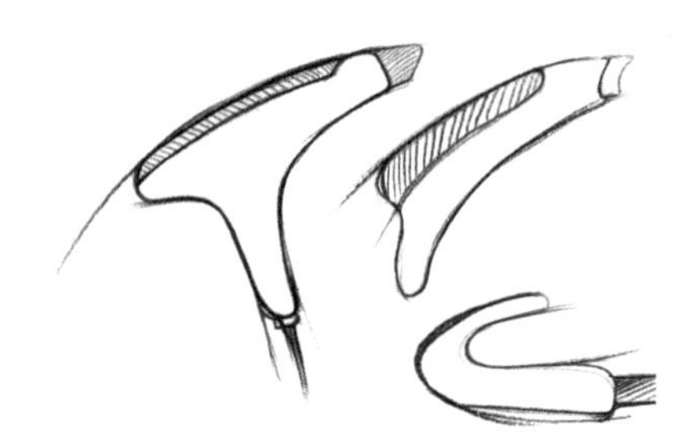

图2-16 弧线在产品中的应用（三）

作业要求

（1）弧线练习，A4纸张，每天20页。

（2）练习方式：

①同一方向弧线排线练习。

②各个方向弧线排线练习，线与线之间的距离尽量均匀。

③不同弧度的弧线练习。

2.1.3 自由曲线

2.1.3.1 自由曲线的绘制要求

曲线设计语言主要应用在流线型产品、过渡曲面上。

绘制曲线的练习，我们可以根据手边现有产品的曲面关系，提取相应的曲线进行单独训练。例如，我们可以从鼠标身上提炼出一根曲线进行反复的绘制，寻找手感，直到慢慢地可以熟练绘制各种曲度的自由曲线。

曲线的绘制效果表现为有弹性，有张力，具有流畅性。绘画之前可以先在纸面上方运一下笔，然后再落笔绘画，如图2-17至图2-20所示。

图2-17 自由曲线的训练（一）

图2-18 自由曲线的训练（二）

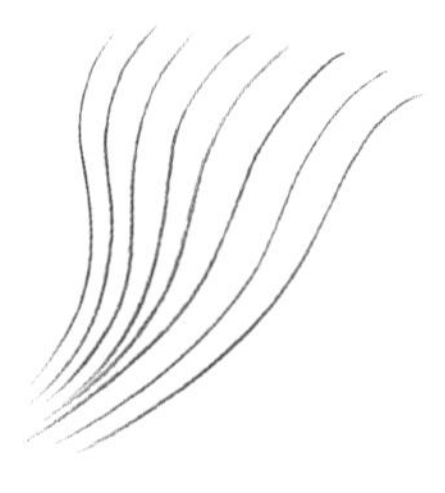

图2-19 自由曲线的训练（三）

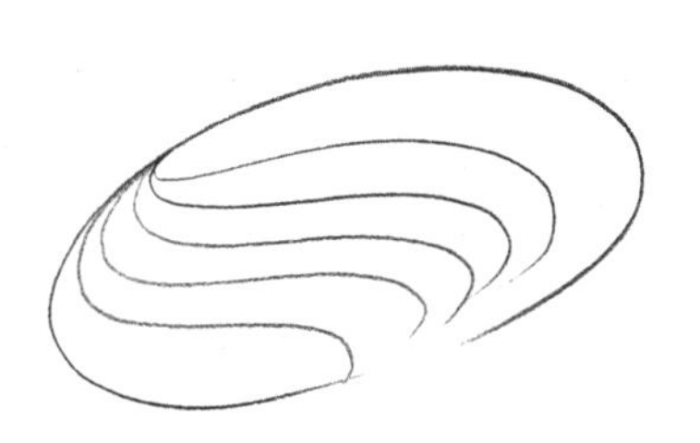

图2-20 自由曲线的训练（四）

2.1.3.2　自由曲线在产品中的应用

自由曲线在产品设计中主要存在于有机形态产品的轮廓线或者产品的结构分型线处，如图2-21所示。

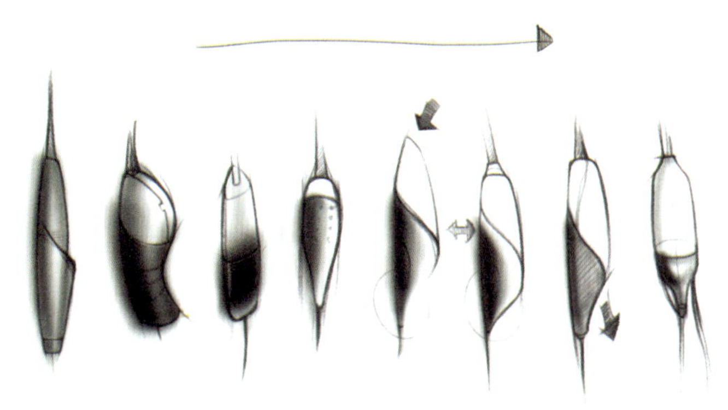

图2-21　自由曲线在产品中的应用

作业要求

（1）自由曲线练习，A4纸张，每天20页。

（2）练习方式：

①不同角度的自由曲线。

②不同曲度的自由曲线。

2.1.4　圆形

2.1.4.1　画圆的要求

圆的绘画比较难以把握，刚开始练习时可以反复画同一个圆，尽量保持在一条轨迹中绘画。其实，绘画的效果很多时候与心态有关。画圆的时候首先要放松心情，开始的时候可以稍快一些，运用手臂的惯性，慢慢熟悉后，可以放缓速度，运用气息，这样画出的圆是可以被自己控制的，如图2-22、图2-23所示。

圆形的表现效果要有张力，每一个圆都要给人一种滚动起来的感觉，如图2-24所示。

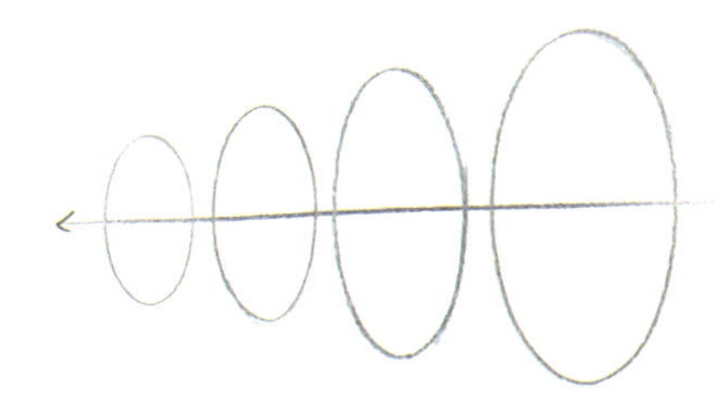

图2-22　圆形的训练（一）

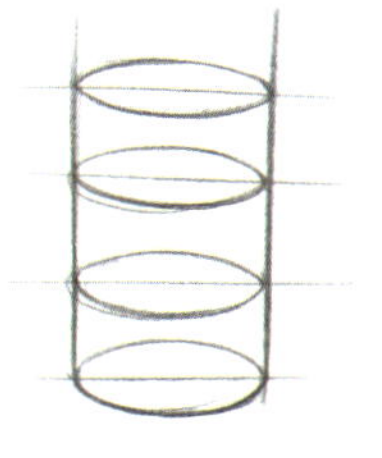

图2-23　圆形的训练（二）

图2-24　圆形的训练（三）

2.1.4.2 画椭圆的要求

产品上的圆形，在成角透视下都表现为椭圆形，所以椭圆形的绘画表达更加常见一些，在训练时可以结合透视的角度进行不同长短轴椭圆的练习。椭圆角度的变化是由它所存在的平面角度决定的，所以，初学者可以先画出辅助平面，再绘制椭圆，如图2-25至图2-28所示。

图2-25 椭圆形的训练（一）

图2-26 椭圆形的训练（二）

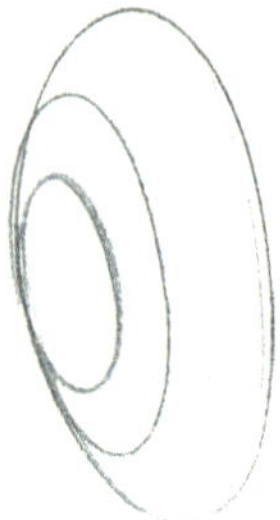

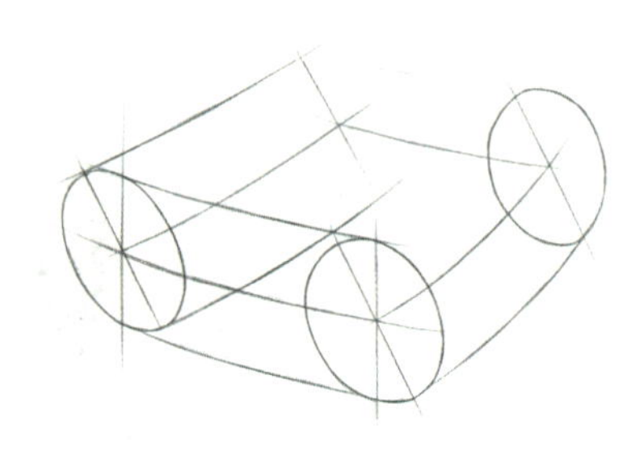

图2-27 椭圆形的训练（三）

图2-28 椭圆形的训练（四）

2.1.4.3 圆在产品中的应用

圆在产品手绘表达中运用也较多，例如一个产品中的圆形按钮、圆柱形产品截面的表达等，如图2-29至图2-31所示。

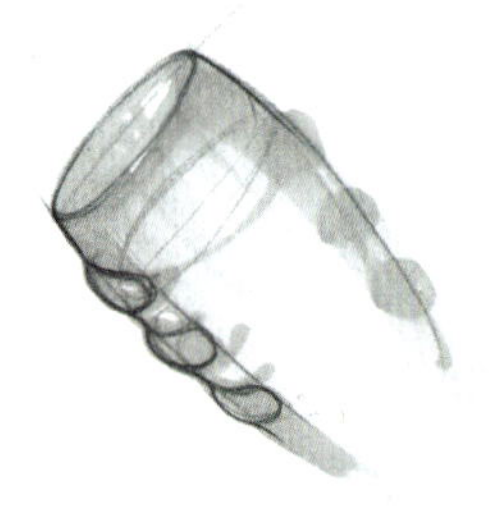

图2-29 圆在产品中的应用（一）

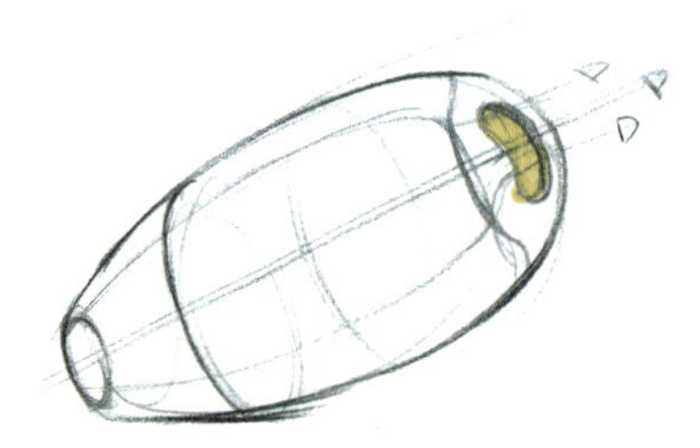

图2-30 圆在产品中的应用（二）

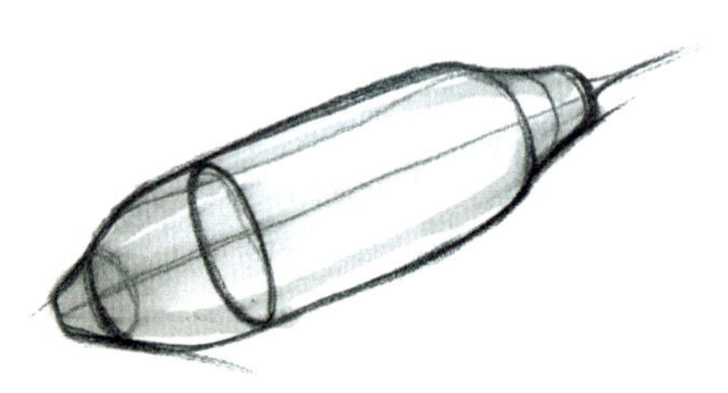

图2-31 圆在产品中的应用（三）

作业要求

（1）圆形练习，A4纸张，每天20页。

（2）练习方式：

①绘制正圆形。

②绘制椭圆形。

③绘制含有圆形或者椭圆形的产品。

2.2 透视

为了手绘表达出具有透视效果的产品，就一定要掌握基本的透视规则。同一个产品，可以通过不同的透视方式而呈现出不同的视觉感受，例如有的透视角度可以使物体看起来精致小巧，有的则使物体看起来庞大而又夸张。

透视实际上是用二维的线表现三维的产品，是人从不同的角度、距离观看物体时的基本视觉变化规律，它所包含的主要视觉现象是近大远小。在产品绘制过程中，我们经常会用到的透视有一点透视（平行透视）、两点透视（成角透视），如图2-32所示。

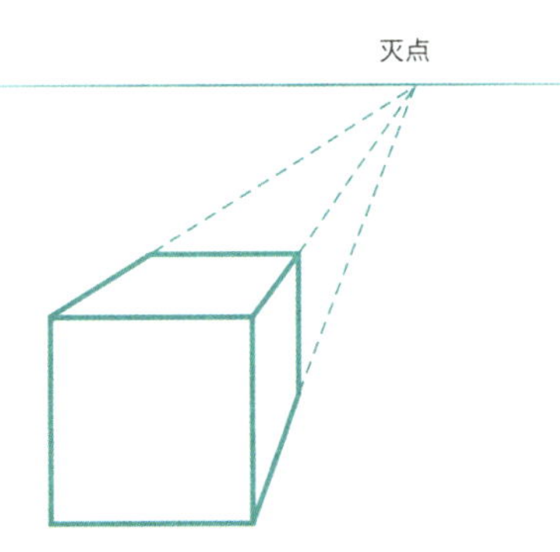

图2-32　一点透视

（1）一点透视。一点透视也称为平行透视，是物体的正立面和画面平行时的透视方法。由于正立面为比例绘制，没有透视变化，适合表现一些主特征面和功能面均设置在正立面的产品，如电视机、仪表等，如图2-33所示。一点透视的应用如图2-34至图2-37所示。

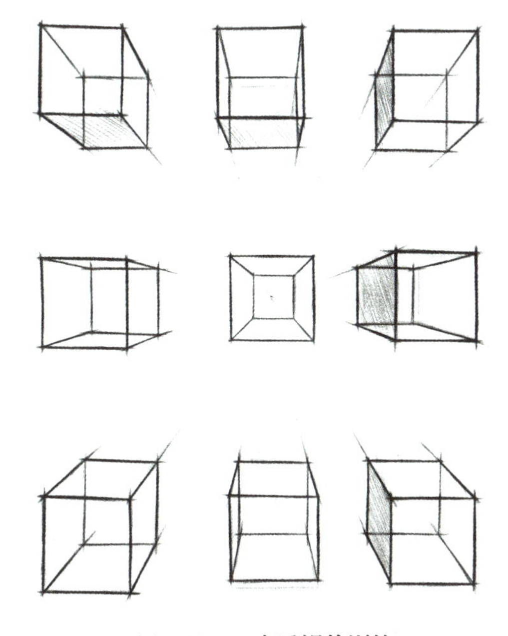

图2-33　一点透视的训练

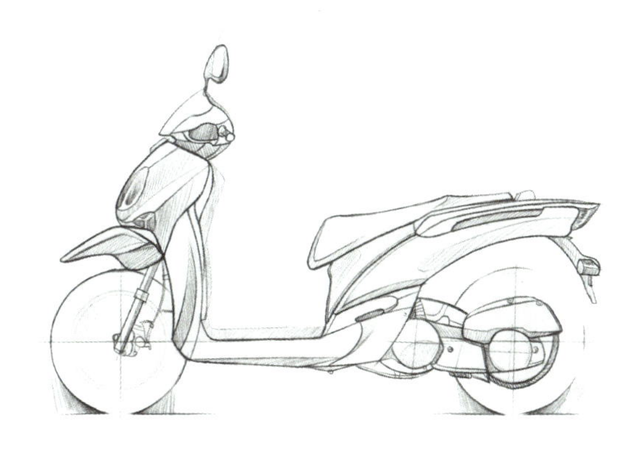

图2-34　一点透视的应用（一）

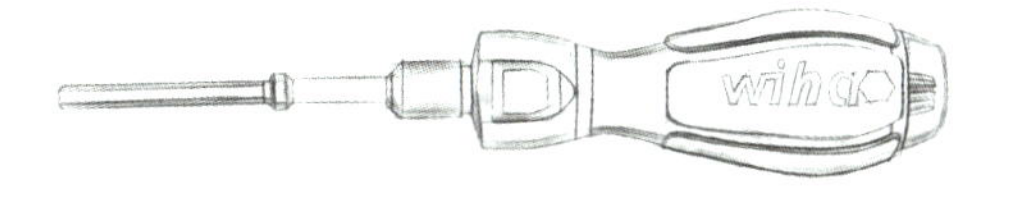

图2-35　一点透视的应用（二）

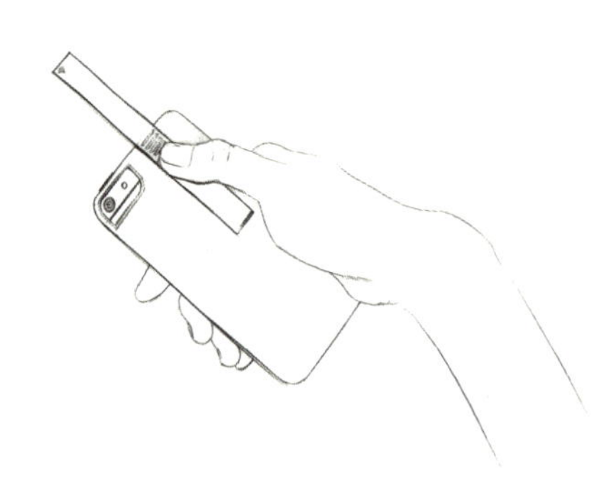

图2-36 一点透视的应用（三）

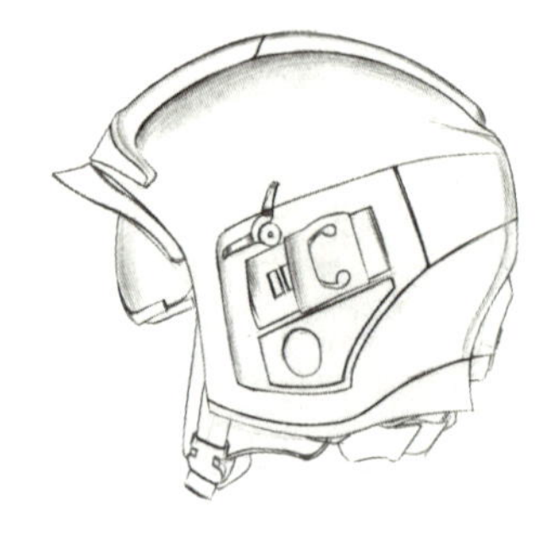

图2-37 一点透视的应用（四）

（2）两点透视。两点透视又叫做成角透视，两点透视是指观察者从一个倾斜的角度来观看目标物体，此时会看到物体水平方向的棱线消失在水平线上的两个不同的点。

立方体在两点透视图中的垂直线相互平行，而且与水平线垂直（穿过图的水平线指的是视平线）。在实际物体中平行的水平线在草图中不平行，在水平线上汇聚为一个特定的“灭点”，这些灭点是设计师拟加的。为了更好地理解灭点效果，可以多样地变换点的位置画物体。两个灭点放得太近了将导致一个扭曲变形的透视。为了避免这种情况，保证物体前面垂直的角（红色标出）在两个灭点之间建立一个基本角度（这个角度应超过90度），通常在产品透视表现中最常见的是两点透视（也叫成角透视），如图2-38所示。

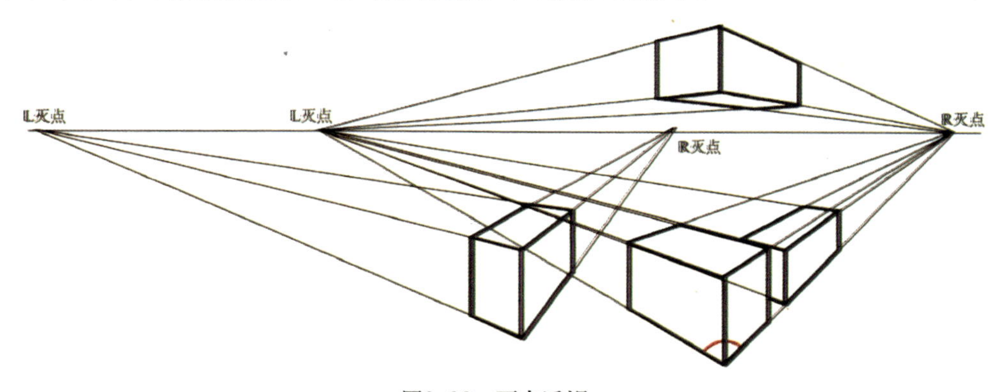

图2-38 两点透视

两点透视的练习方法可以逐步进行，开始时可以借助一定的辅助线画两点透视的正方体。先画出水平线，在水平线的两端确定两个灭点，然后分别从标点引出辅助线到左右两端的灭点，逐步建立最终的立方体，如图2-39、图2-40所示。

对于立方体的位置可以自由灵活地摆放，也可以按照一定的渐变次序排列，这种有秩序的排列便于观察到透视的一些规律。手绘不只是练习手头功夫，更重要的

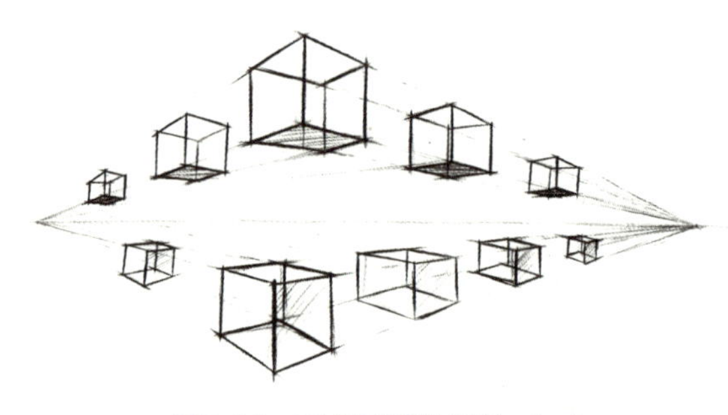

图2-39 两点透视的训练（一）

是培养独立思索的能力。初学者要多观察、多思考、多总结，慢慢建立自己对透视的理解，在后期的产品手绘过程中才能找到正确的透视关系。

对两点透视比较熟悉以后，作画时可以不用辅助线。画面中的水平线和两个灭点只是作为参考，如图2-41至图2-43所示。

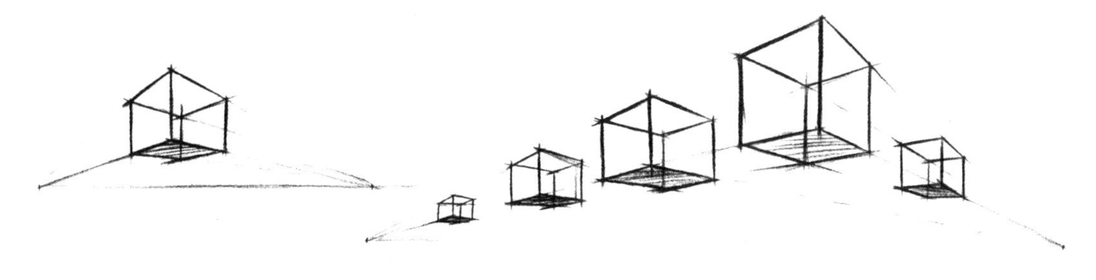

图2-40　两点透视的训练（二）

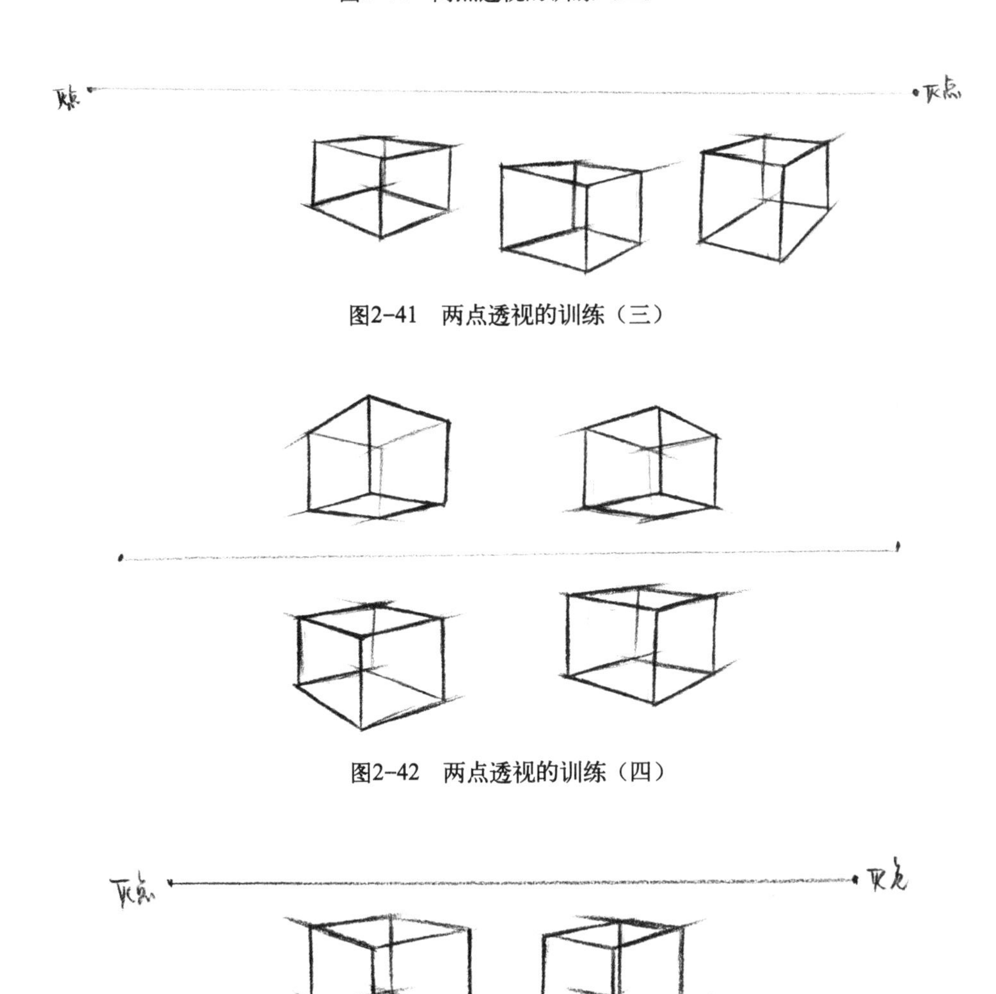

图2-41　两点透视的训练（三）

图2-42　两点透视的训练（四）

图2-43　两点透视的训练（五）

（3）透视原理——近大远小，近实远虚。任何产品本身都存在于一个有透视关系的长方体之中，我们可以对长方体进行分析，从而得出产品身上的每一根线条。当我们不能凭借感觉画出那根透视和比例都很准确的线条时，可以借助辅助线或辅助面进行定位，如图2-44所示。

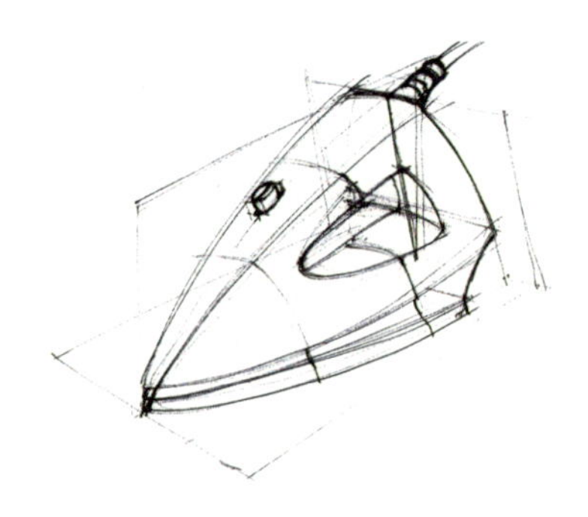

图2-44 透视原理

2.3 结构

对结构的刻画，可以使我们深刻地认识产品、理解产品。初学者要认真研究并分析产品的结构，通过对细部的放大绘制及深入刻画来感受造型的现实意义，如图2-45、图2-46所示。

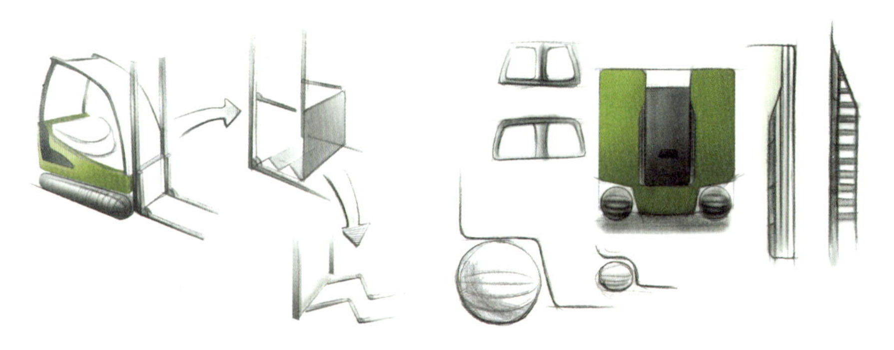

图2-45 产品结构手绘表达　　图2-46 产品结构手绘表达

作业要求

（1）一点透视练习，A4纸张，每天5页。

（2）两点透视练习，A4纸张，每天10页。

（3）练习方式：

①以画面上的一个点为中心向外发散任意多个正方体，使正方体上所有的水平线汇聚于此点。

②画一根水平直线，在线的两端任意选取两点作为灭点，分别在水平线的上下方画正方体，使得正方体的水平线分别汇聚于左右两个灭点。

③根据一点透视和两点透视的绘画感觉，不借助辅助线，在纸面上直接进行多角度变换的正方体透视练习。

第三章 设计表达类型归纳

产品设计表现图是设计师通过媒介、材料、技巧和手段，以一种生动而直观的方式说明设计方案构思，传达设计信息的重要工作。

设计表现图是整个产品造型设计过程中不可或缺的重要表现形式，现阶段的设计表现图已经不单纯指产品效果图表达了，而是包含思维导图、构思草图、分析草图、结构与细节研究草图、使用状态图、二维效果图、三维效果图，产品场景图等内容的表现，这些从不同角度对产品设计过程的展现都属于设计表达的范畴。

每一种表现效果都有自己独特的表现方式，也更具有自己独特的表现意义。本章就针对不同的设计表现图配以演示图形进行讲解。

3.1 思维导图

思维导图又叫心智图，是表达发散性思维的有效的图形思维工具。思维导图是一种将放射性思考具体化的方法，每一种进入大脑的资料，不论是感觉、记忆或是想法——包括文字、数字、线条、颜色，意象等，都可以成为一个思考中心，并以此为中心向外发散出成千上万的关节点，每一个关节点又可以成为另一个中心主题，再向外发散出成千上万的关节点，呈现出放射性的立体结构。

思维导图便于设计人员快速探究设定的主题、问题或课题领域。从中心术语或立意开始，设计师迅速构思，形成互相关联的画面和概念，例如，设计师可以运用不同的颜色代表思维导图的各个分支，如图3-1所示。

那么，如何绘制思维导图呢？

（1）设定中心。将一种成分放置在页面中心。

（2）扩充细节。围绕核心短语或画面创建联系网络，也可以运用简单的图形或词语创建联系网络。

（3）组织整理。思维导图的主干部分可以体现同义词、反义词、同音词，相互复合词等词类。尝试使用不同颜色表示扩充出来的每个分支。

（4）细分。每个主干可以分成更小的分目录，运用这个过程可以充分调动设计师的聪明才智。例如，“触摸”一词可以使设计师从触摸的动作转移到触摸的感觉上来，如图3-2所示。

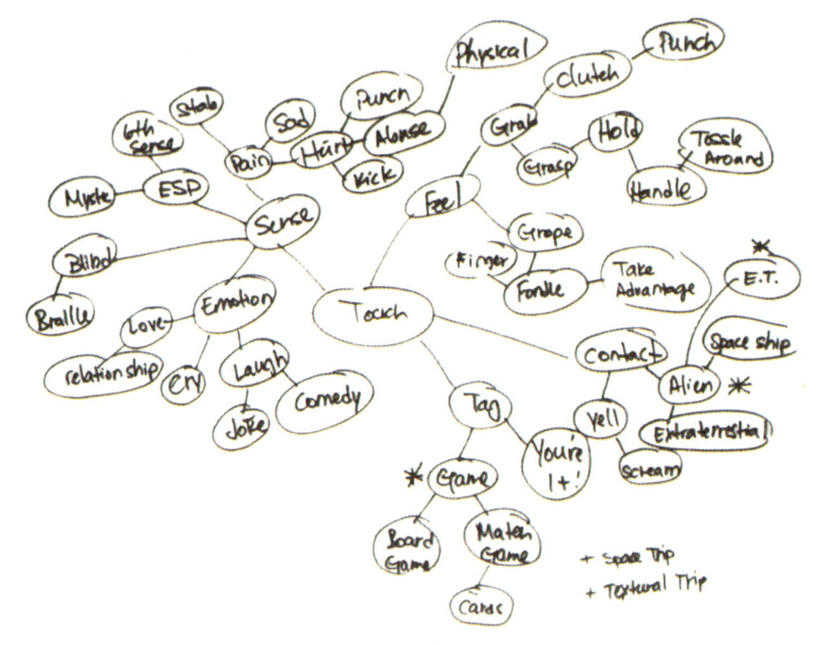

图3-1　思维导图

图3-2　思维导图

3.2 线稿

线稿是设计过程中最为快捷的表现形式。它不会受到纸张、用笔、环境的限制，一般用来表达我们最初的设计思维。线稿是设计表达的第一步，也是后续上色的基础。线稿主要描绘产品的轮廓、大的形体转折及结构关系，因而对于线稿的绘制一定要把握好形体的透视比例关系，如图3-3所示。

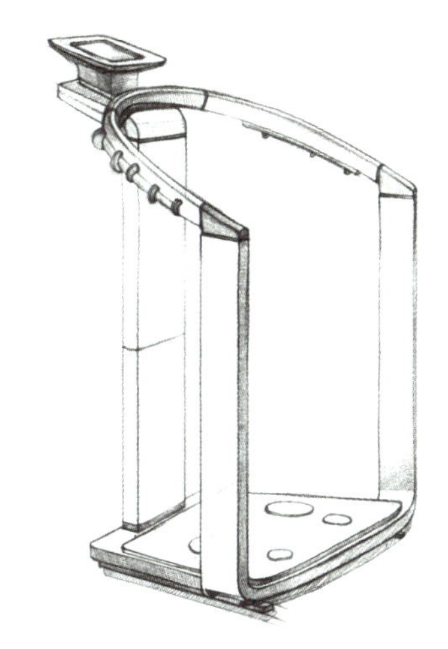

图3-3　线稿表达

3.3 色稿

（1）马克笔上色。马克笔是快速表达产品设计构思的最好工具，通过色彩的搭配和形体的色彩转折表现出产品的体量感。运用马克笔是要表达一种柔和的色彩过渡，因而，选取色彩时需注意色彩的层级差别要过渡均匀，同时在作画时要在马克笔笔触未干时做色彩衔接，以避免色彩过渡生硬。

在上色之前，首先要分析产品的受光面以及不同质感的产品对光的不同反射效果。我们可以将产品的受光面整合成一个圆柱的受光情况，当光源从上方照射下来，必定会存在受光面、暗面和灰面，同时在色彩关系上存在固有色、光源色和环境色，如图3-4所示。

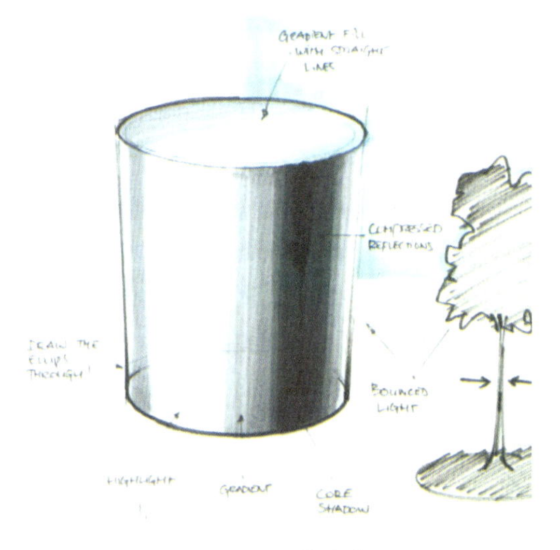

图3-4　色稿表达

（2）PS二维上色。所有的线稿图不只能用来进行内部交流，还能通过简单地上色处理来增加图形的立体感，方便与客户进行最初设计想法的沟通。PS二维上色与产品三维建模相比，最大的优点是快捷，设计师可以用很短的时间完成设计想法的立体呈现，适于设计之初方案寻找过程的表达。

最初的草图是以线稿为底层，并在Adobe Photoshop 软件中操作编辑完成。一般是选取需要上色的区域进行色彩填充，运用减淡和加深工具快速地在物体表面实现光影和反射效果，以突出造型的大体结构及不同曲面的转折变化，如图3-5、图3-6所示。

图3-5　PS二维上色（一）　　图3-6　PS二维上色（二）

3.4 细节图形

产品造型中，常常会遇到所画的效果很空，造成产品不真实的感觉，这是由于产品缺乏细节描绘所致，再简单的产品造型也是有它的细节表现的。设计师对产品造型理解得越透彻，在表现产品细节时就越游刃有余。

细节图形一般展现的是产品存在结构的地方，通过对产品细部的深刻描绘，设计师可以认识产品、理解产品，并可以借此机会思考为什么产品设计中会存在这样的形体。形体的存在是有其意义的，并不是设计师情感的再现，好的形体是有结构和功能作为支撑的。

在表达产品的细节时，还需要在关键位置加入一些必要的结构线，结构线的线条不必深于描绘图形的轮廓线，它的目的在于使产品表面的起伏转折及形体的结构变化看上去更清晰，并且可以省略某些复杂的暗面和细节部分的绘制，达到简化的效果，如图3-7所示。

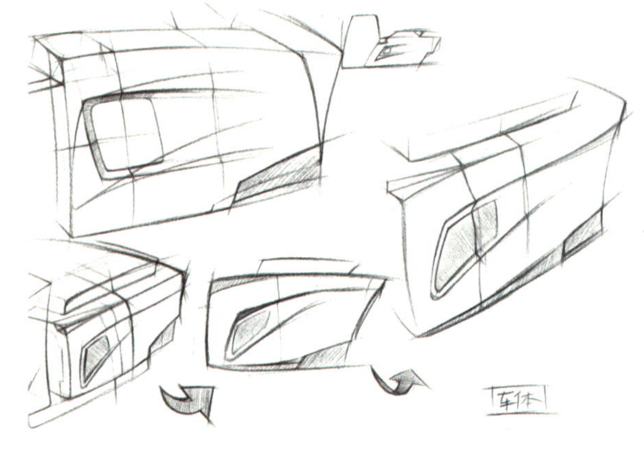

图3-7　细节图形表达

3.5 3D渲染图形

3D渲染图形指的是：产品渲染中的构图、材质（包括色彩）、灯光组成的最后图像。

（1）构图。构图是产品渲染的第一步。通过分析产品的造型，从而确定产品如何构图。

（2）材质。材质本身的感觉特性以及材质经过表面处理之后所产生的心理感受构成了材质的表情特征。它们给产品注入了情感，就像镶在产品上的微笑，启示着人类将其纳入相应的表情氛围与情感环境中。

（3）灯光。当赋予产品材质后，最后的工作就是布光了。如果一个产品没有灯光，也就谈不上产品的视觉艺术效果了。图像中，一般有一个主光和多个辅助光，要借助主光的照射来表现物体的造型和结构，保证图像的可视性。而产品的细节、质感的表现，则由主光和辅助光共同完成，并且需要通过调节灯光的光量、角度和硬度来实现，如图3-8所示。

图3-8　3D渲染图形

3.6 场景图

产品有时需放置在它应该存在的环境中，这种环境即场景。场景图既可以很好地解释产品的功能用途，更是对产品自身效果的一种烘托。经常使用的场景图一般是将产品融入一个它所存在的使用环境中，通过我们所熟悉的环境来认识和理解产品。

还有一种场景图只是对我们所熟悉产品的一种艺术烘托，一般适用于造型结构相对简单的物体。运用合适的背景图片并与产品很好地融合在一起，可以将产品带入一种意境，提升其视觉感受。在这种意境的处理中，设计师经常会用到景深效果，以突出产品的某个局部，而虚化的部分则起到衬托作用，如图3-9所示。

图3-9　场景图

3.7 训练方法

本章所提到的所有绘图方法都是为了更好地表达设计师自己的创作设计思维，在这些不同的表现方式中，一定要注意其他对效果图产生更大影响的因素，例如，对比手法的运用，协调物体之间的尺寸以及草图之间的布局等。这些因素中，最需要重视的就是草图布局时的重叠部分，有时需要将草图故意重叠地画在一起，这样可以锻炼我们即兴创作的能力，也可以通过强烈的对比色，将欣赏者的注意力从其他的地方转移到纸上，如图3-10所示。

我们在练习的时候也要注意草图应该如何摆放，以使其更具有吸引力和表现力。

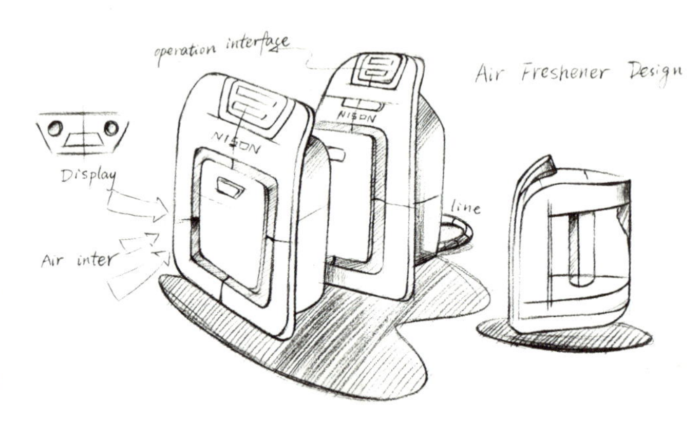

图3-10　手绘线稿构图

第二部分　设计表达技法解析

本部分秉承“从临摹，到超越，再到创新”的理念，将手绘在产品整个设计思维过程中的不同表现形式进行分阶段的图形阐述。本部分选取了日常生活中常见的七种产品，并分别从产品原图临摹、细节刻画、创意发想等方面用图文搭配的方式进行展示。希望通过这样的实例介绍方式，让初学者或设计爱好者更加明确手绘对于设计思维表达的作用。

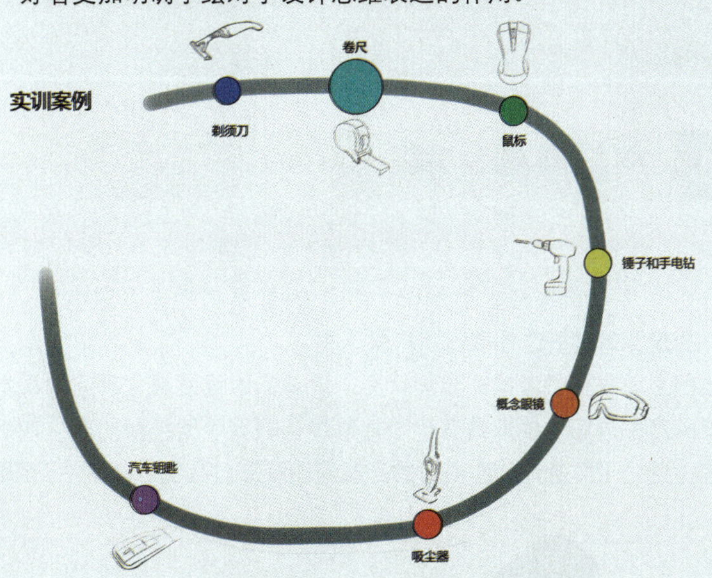

手 绘 生 活 从 这 里 开 始 ……

第四章 剃须刀创意设计与表达

本章主要提供各种剃须刀的原图以及临摹和创意手绘图形。将剃须刀原图与临摹图形及马克笔上色的图形作比对，使初学者学习到怎样提炼线条以及如何绘制线条。文中各种剃须刀的创意手绘图形对初学者进行设计方案的思维发散具有很大的启发意义。

4.1 产品原图临摹

开始一件事情是最容易的，“易”的是最初的你是最有干劲的；但往往也是最难的，“难”的是你怎样把这件事情坚持做下去。

绘图之前先要思考第一步画什么，思考的时候要抓住瞬间的视觉印记果断地进行下去。绘图时要从产品原图上抽取具有代表性的线条进行手绘线稿的表达，然后在此基础上进行简单的马克笔上色。下面是几款剃须刀的产品原图临摹过程图，如图4-1至图4-18所示。

图4-1　剃须刀产品原图

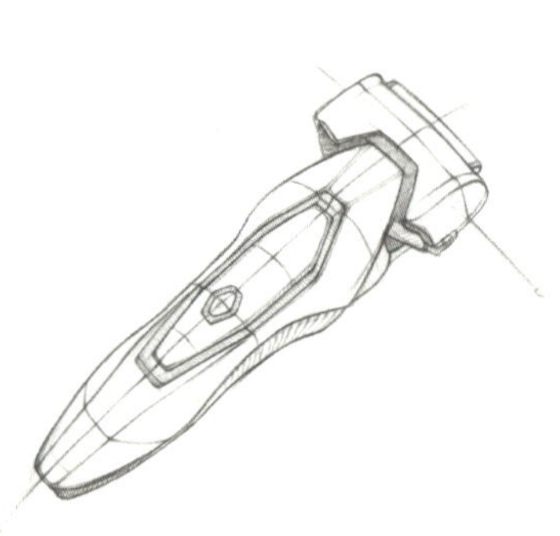

图4-2　剃须刀手绘线稿

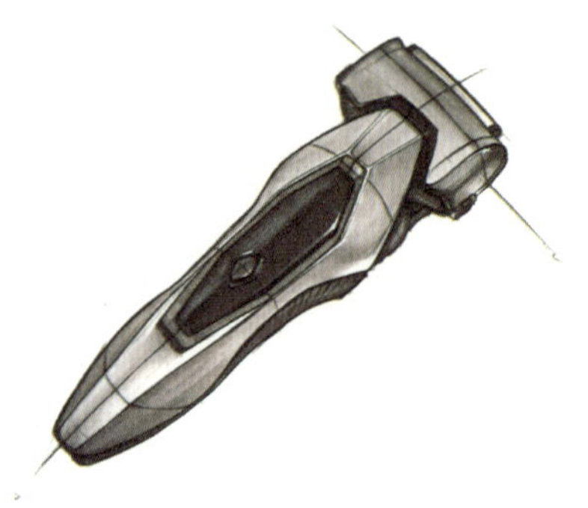

图4-3　剃须刀手绘马克笔上色

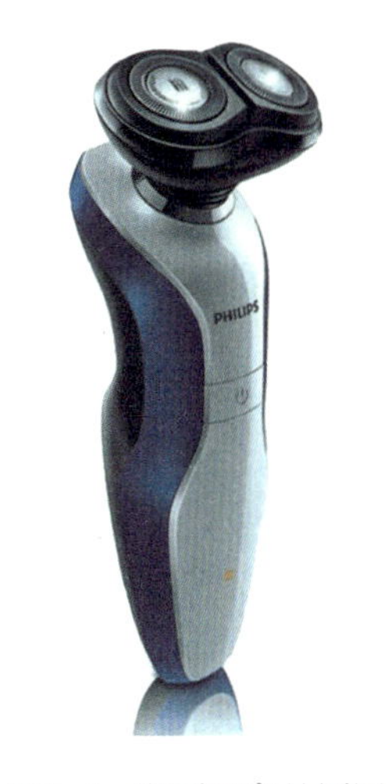

图4-4 剃须刀产品原图

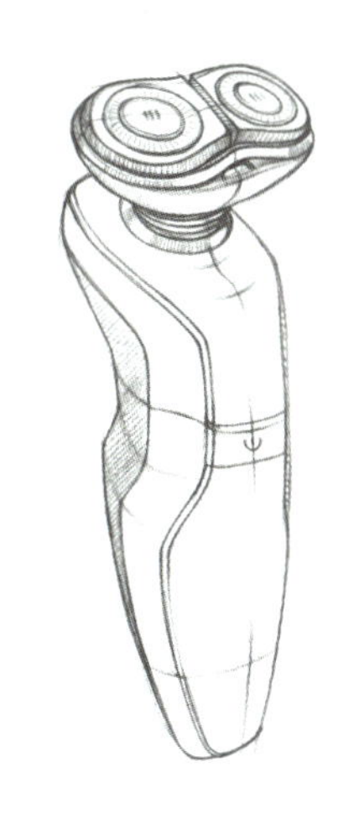

图4-5 剃须刀手绘线稿

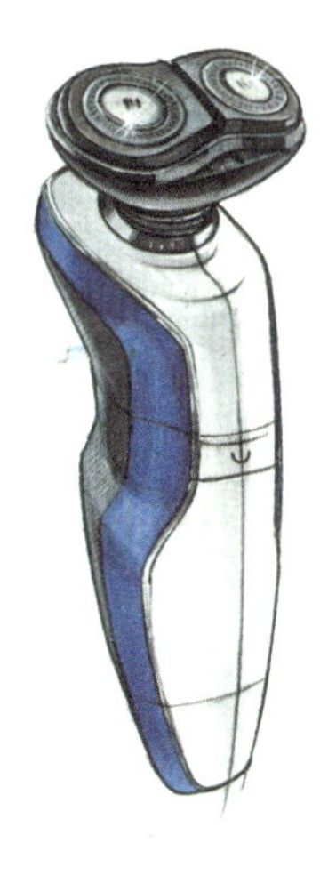

图4-6 剃须刀手绘马克笔上色

图4-7 剃须刀产品原图

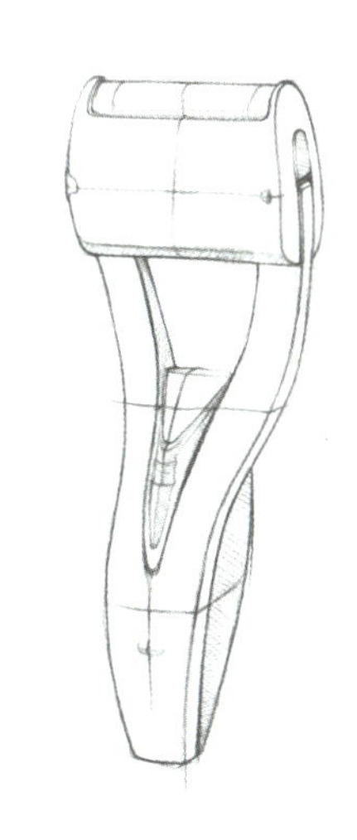

图4-8 剃须刀手绘线稿

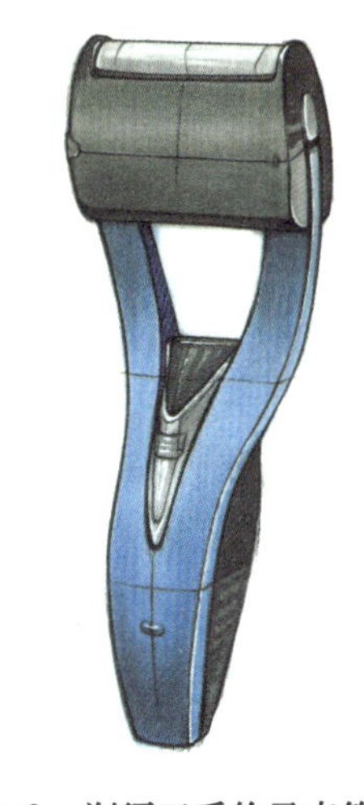

图4-9 剃须刀手绘马克笔上色

图4-10 剃须刀产品原图

图4-11 剃须刀手绘线稿

图4-12 剃须刀手绘马克笔上色

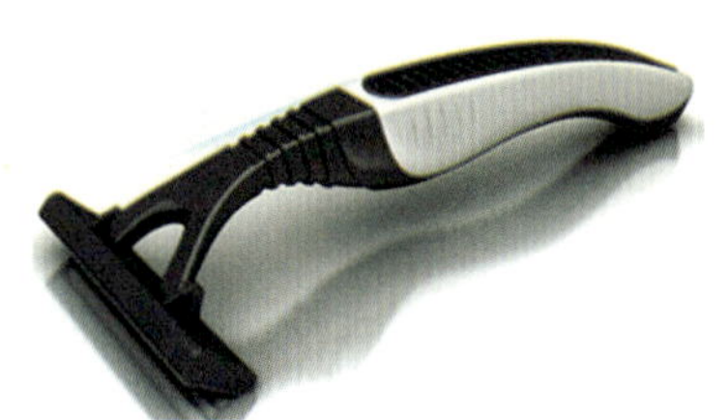
图4-13 剃须刀产品原图

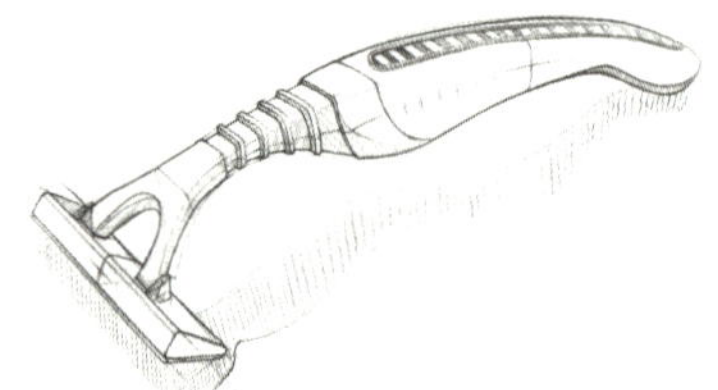
图4-14 剃须刀手绘线稿

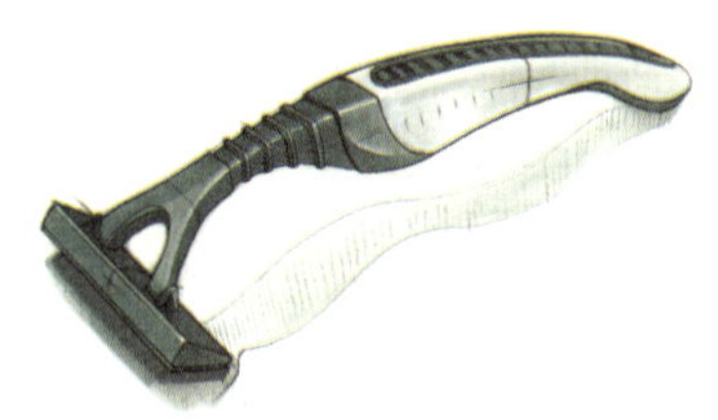
图4-15 剃须刀手绘马克笔上色

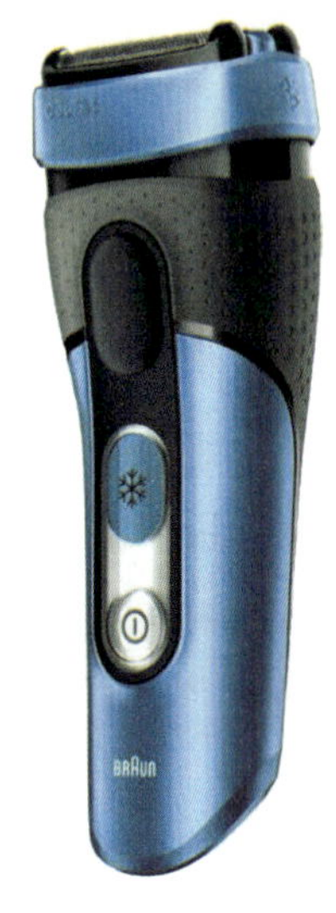

图4-16 剃须刀产品原图

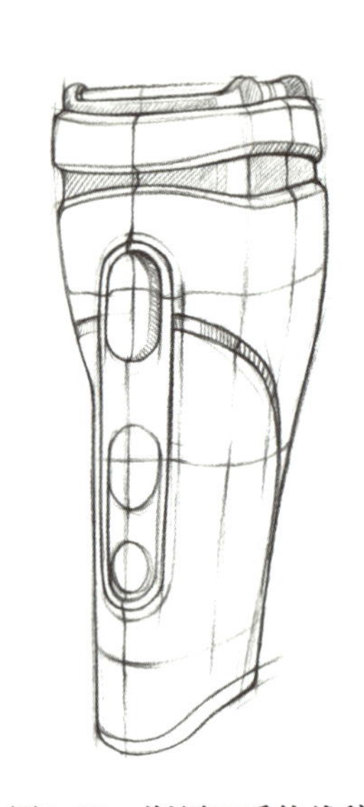
图4-17 剃须刀手绘线稿

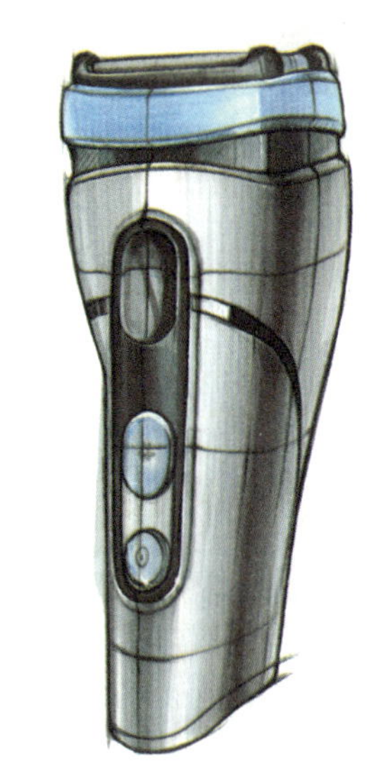
图4-18 剃须刀手绘马克笔上色

手绘的临摹要精致，对每个细节都需耐心地钻研、体会，并用手中的笔将其描绘出来。这种临摹越深入，在脑海中积累的形体就越多。

做好一件事并不是光思维达到这种高度就够了，还必须用行动来积累经验。提高手绘的水平，更要靠初学者在临摹训练中的不断重复、不断摸索。

4.2 细节刻画

绘图前，要考虑清楚产品每个结构的转化，这是理解产品的最好契机。画起来的透视关系也会更加准确。初学者要慢慢体会每处细节的表达，从细节中了解产品的结构，如图4-19至图4-22所示。如图4-23、图4-24所示，根据人的日常习惯、拇指的左右运动联想到“左右”的开关形式。

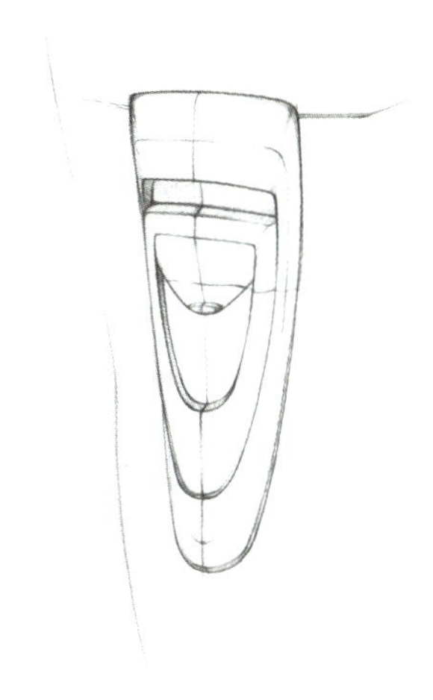

图4-19　剃须刀手绘细节图

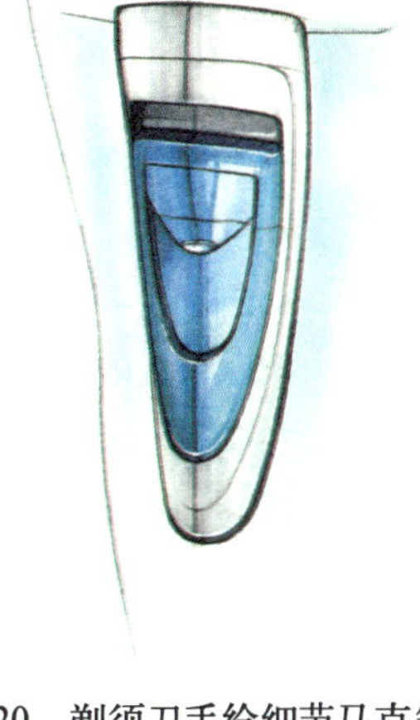

图4-20　剃须刀手绘细节马克笔上色

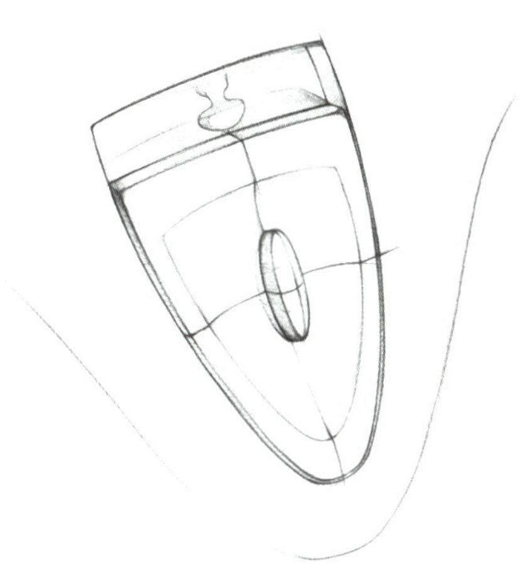

图4-21　剃须刀手绘细节图

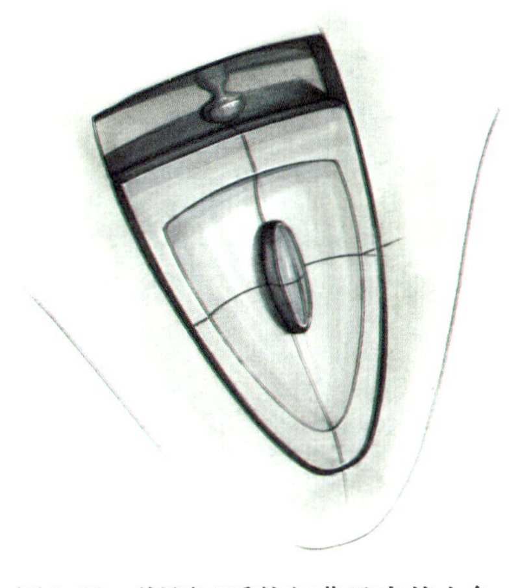

图4-22　剃须刀手绘细节马克笔上色

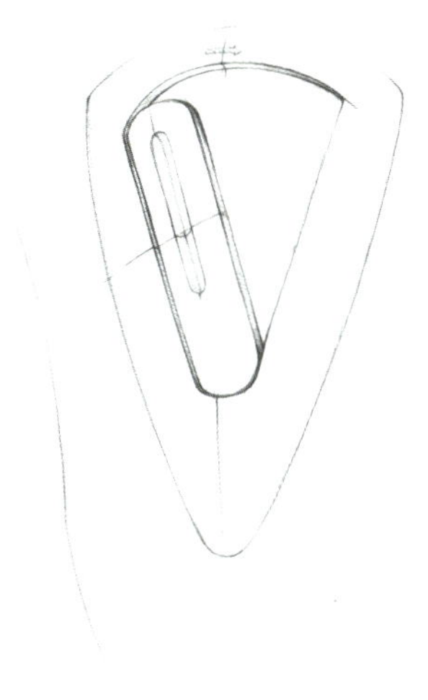

图4-23　剃须刀手绘开关细节图（一）

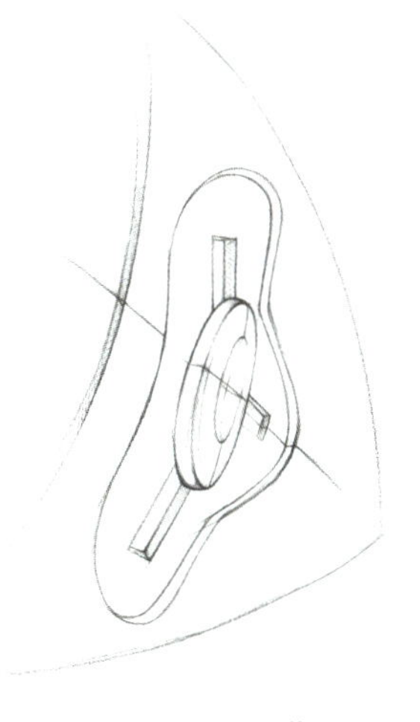

图4-24　剃须刀手绘开关细节图（二）

4.3 创意发想

在一件事情没有进展的时候，我们可以放下手中的纸笔，到外面走走或看看书，从中可以获得一些感悟，而大自然永远都可以给我们灵感，只要我们有一颗认真的心和一双善于发现美的眼睛。

图4-25至图4-26所示的这款剃须刀中间突起部分的体量设计，增加了剃须刀的握感，适中的体积让用户拥有完美的清洁体验。

如图4-27、图4-28所示“手指剃须刀”的设计，改变了传统剃须刀的使用方法，小巧精致，携带方便，创新度非常大。

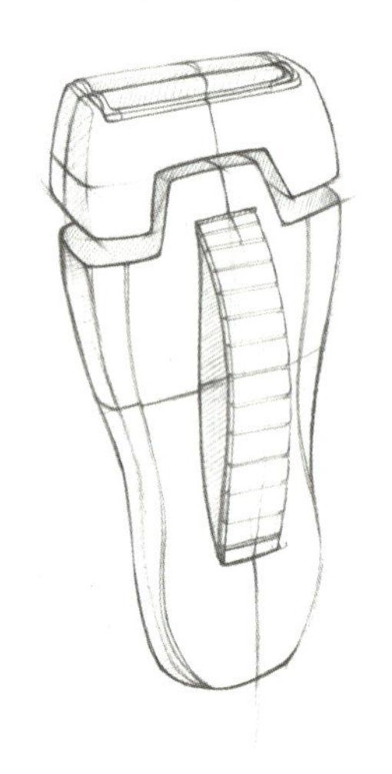

图4-25　剃须刀创意手绘线稿

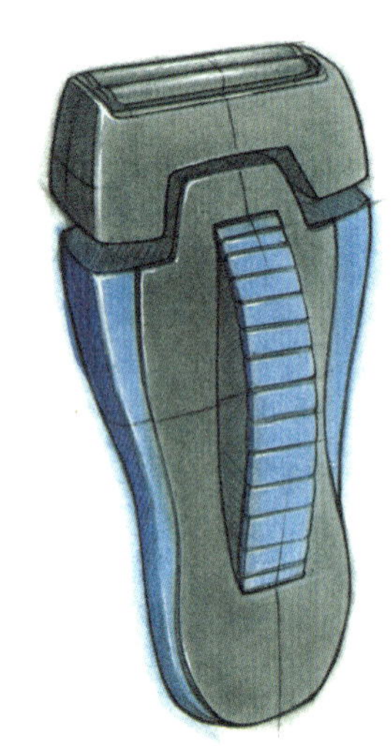

图4-26　剃须刀创意手绘马克笔上色

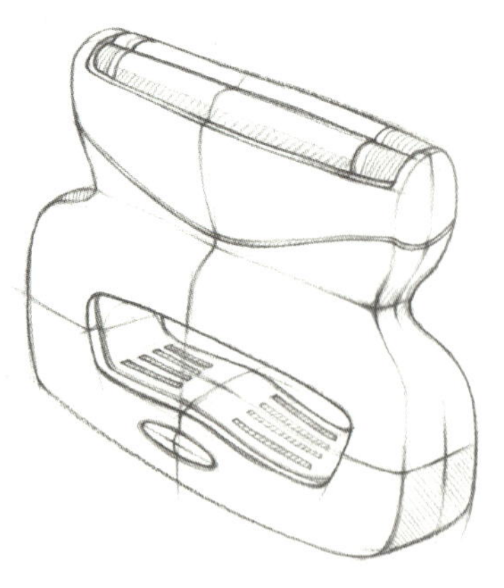

图4-27　手指剃须刀创意手绘线稿

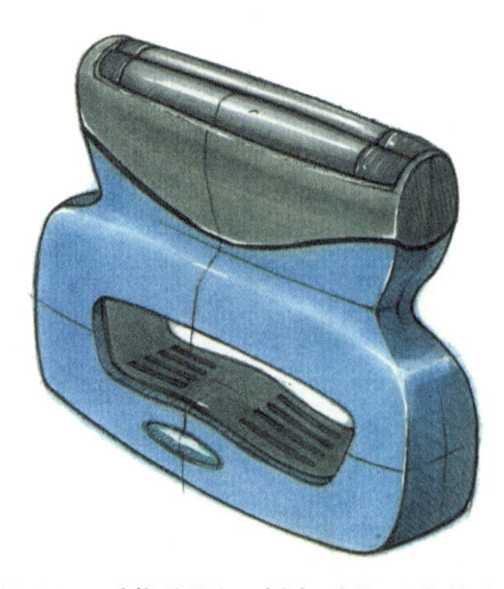

图4-28　手指剃须刀创意手绘马克笔上色

图4-29至图4-33所示的剃须刀与其他剃须刀相比有着非同凡响的握感，看到后不禁想去触摸一下。

如图4-34所示，轴随你动，可以像轮子一样180°旋转，就是这款球形剃须刀的创意来源。

如图4-35所示，梭形剃须刀用锐角表现出稳定性。

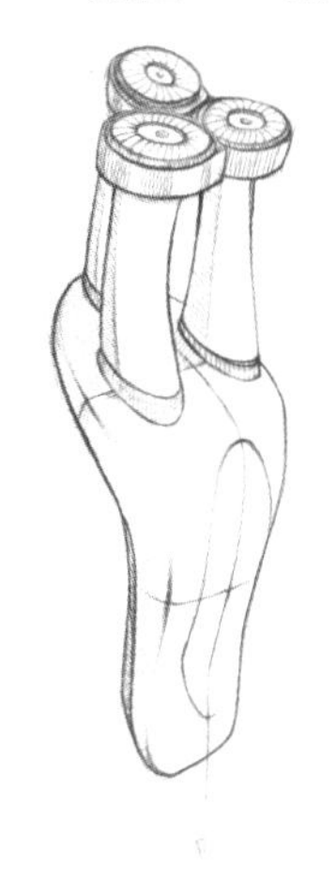

图4-29　智能剃须刀创意手绘线稿

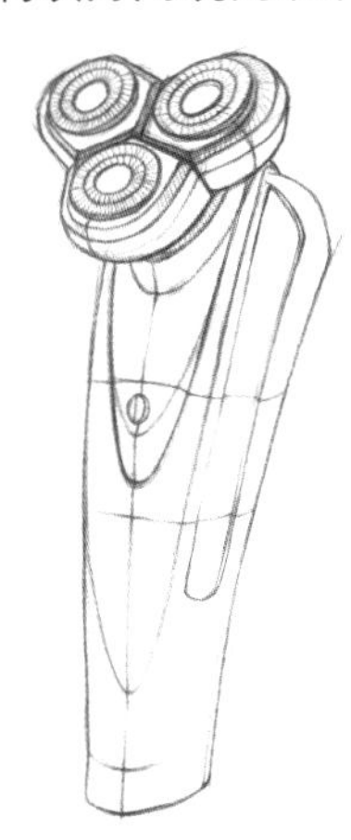

图4-30　智能剃须刀创意手绘线稿

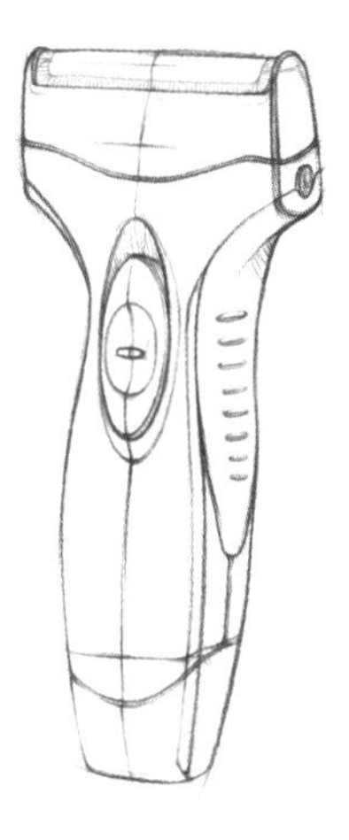

图4-31　剃须刀创意手绘线稿

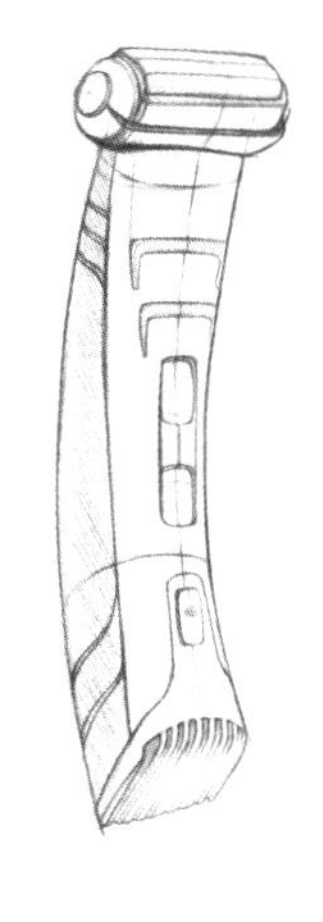

图4-32　剃须刀创意手绘线稿

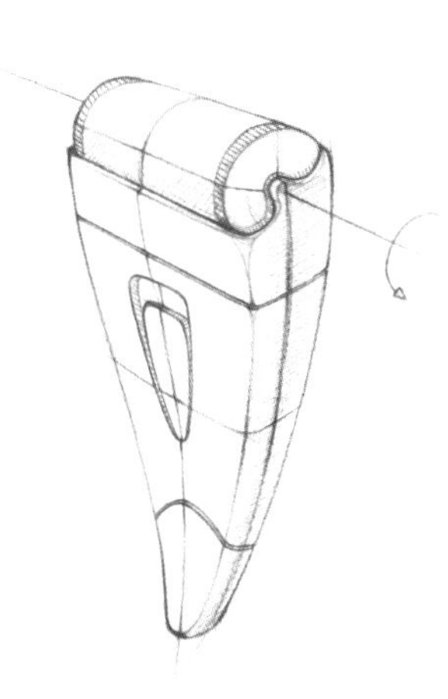

图4-33　梭形剃须刀创意手绘线稿

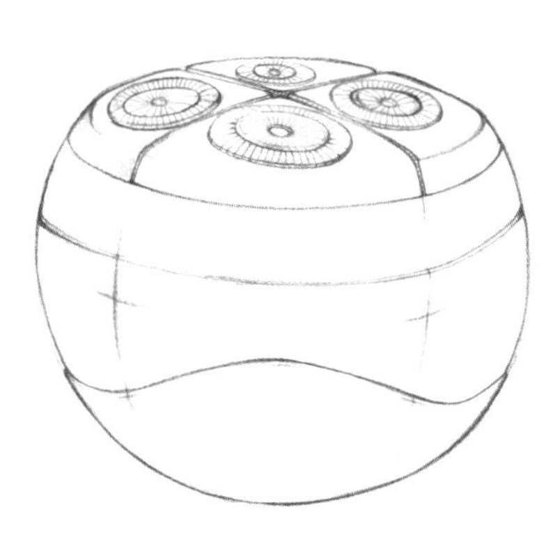

图4-34　球形剃须刀创意手绘线稿

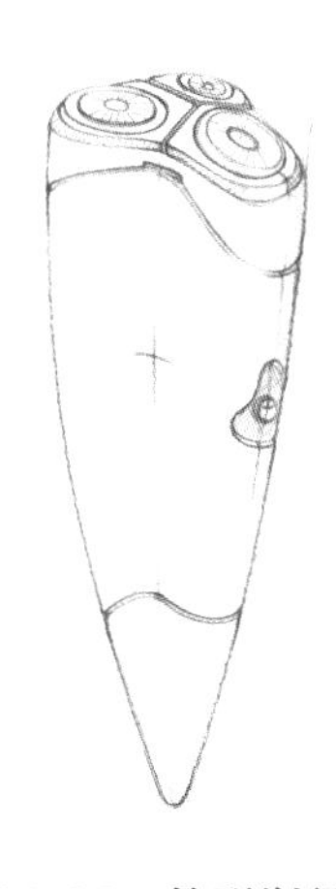

图4-35　梭形剃须刀创意手绘线稿

第五章 卷尺创意设计与表达

本章介绍了设计师完整的产品设计思路，学习本章内容，初学者可以了解设计师是如何寻找设计的灵感和源泉，进行产品设计的。

卷尺草图的主要造型以圆为基调，增加了一些曲面连接，绘制时需要耐心。圆形的透视比较难表现，需要初学者多加练习，如图5-1至图5-4所示。

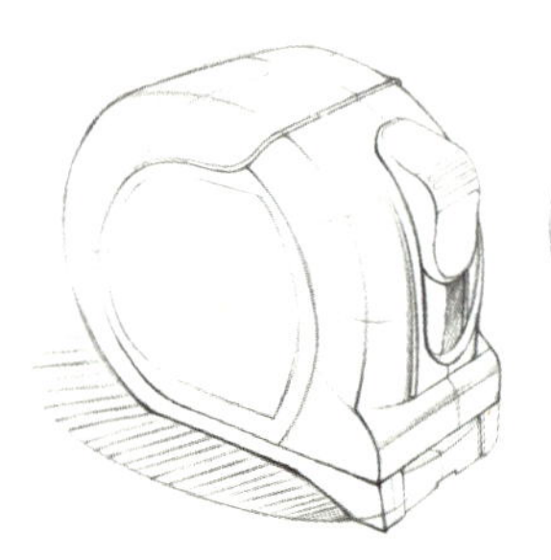

图5-1 卷尺手绘线稿（一）

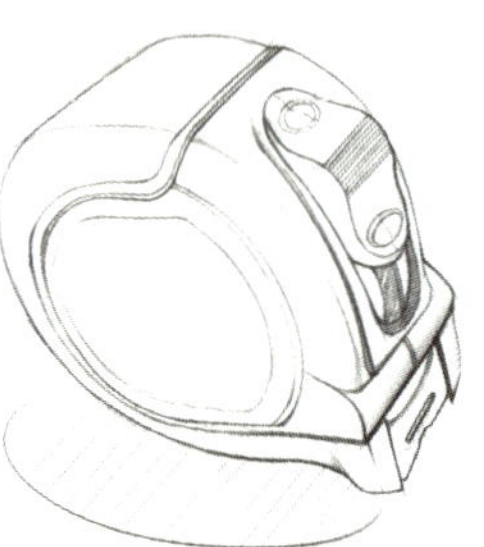

图5-2 卷尺手绘线稿（二）

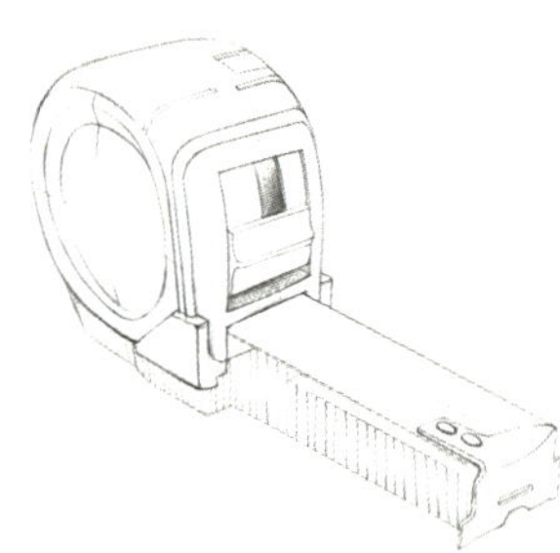

图5-3 卷尺手绘线稿（三）

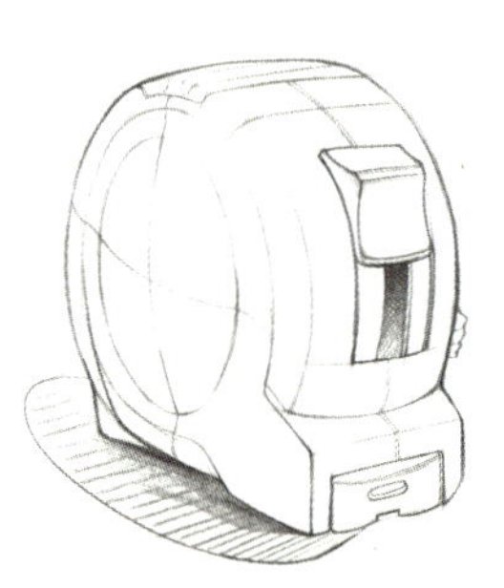

图5-4 卷尺手绘线稿（四）

5.1 产品原图临摹

在产品设计中，除了本身的造型设计很重要以外，色彩搭配也是值得我们认真思索的问题。很多产品在设计初期会根据该产品的用途和所选用的材质进行模板式的颜色搭配，例如手电钻，根据它的用途属性，设计师通常会把它表现得比较结实、硬朗，因此会采用灰色系列和深色系列进行搭配组合。

随着设计潮流的变革和人们对生活用品要求的逐渐提高，设计师开始更多地从人心和情感两个方面进行大胆的尝试。这把色彩鲜亮的卷尺就是一个很好的例子，橄榄绿和柠檬黄的色彩搭配瞬间打破了机械测量卷尺的那种呆板机械化的形象，使其看起来更像是一个可爱的玩具，从而增进了与用户的亲近感，如图5-5至图5-7所示。

图5-8至图5-14所示的几款卷尺，它们的造型突破性大，打破了人们传统思想中的圆形结构，将原本的形态巧妙地包裹在增强触感的结构中，产生了一种新的视觉和抓握体验。在绘画过程中需要仔细观察卷尺的线条走向，将结构表达清楚。

图5-5 卷尺产品原图

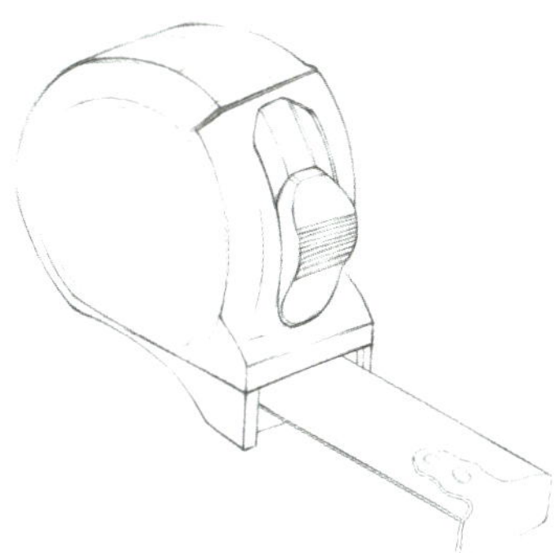

图5-6 卷尺手绘线稿

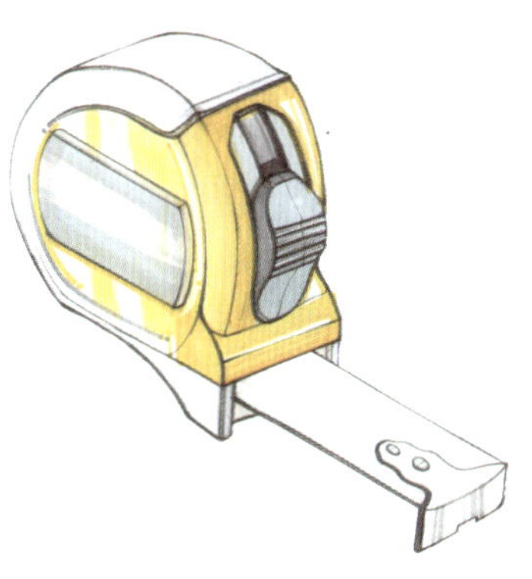

图5-7 卷尺手绘马克笔上色

图5-8 卷尺产品原图

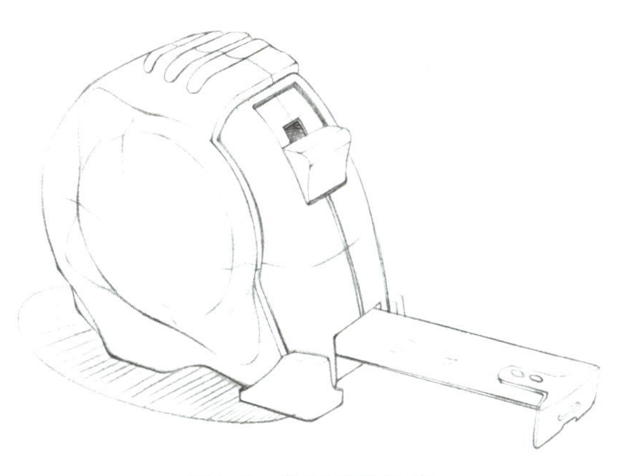

图5-9 卷尺手绘线稿

图5-10 卷尺产品原图

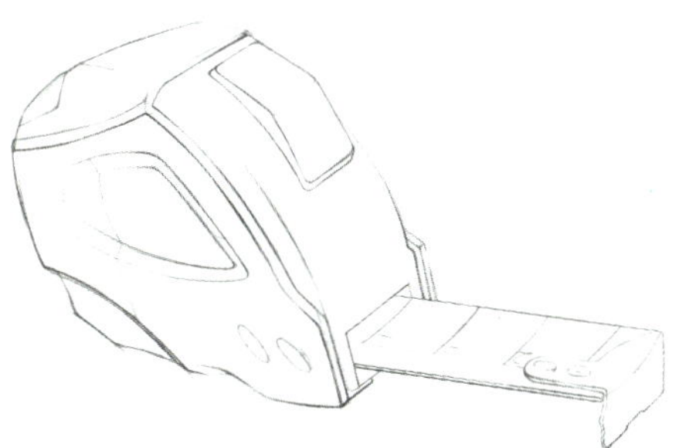

图5-11 卷尺手绘线稿（一）

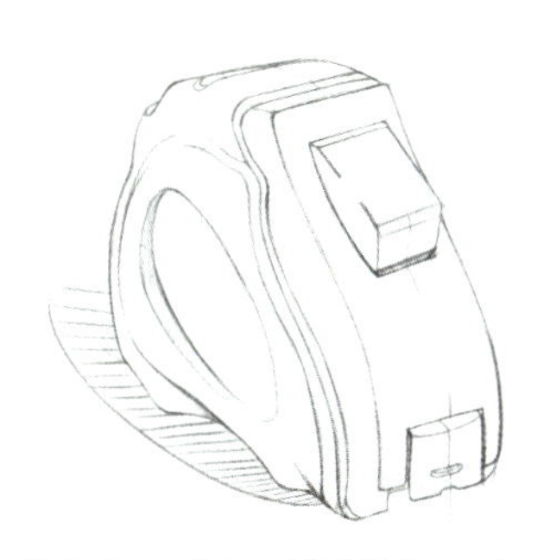

图5-12 卷尺手绘线稿（二）

图5-13　卷尺产品原图

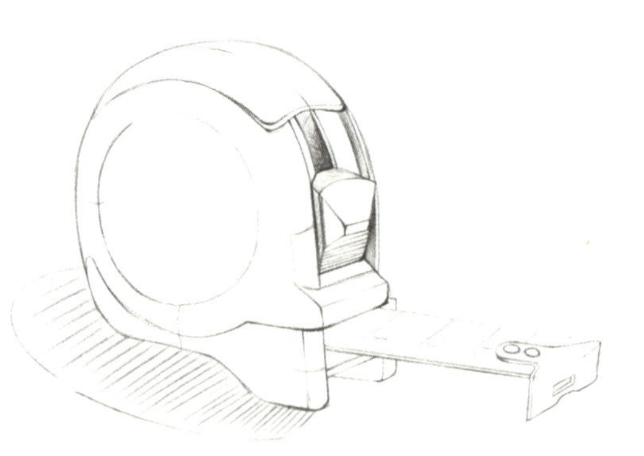

图5-14　卷尺手绘线稿

5.2 细节刻画

多角度细节刻画主要是将产品的设计点和设计结构的关键处表现出来，如图5-15至图5-22所示。该训练考查的是手绘者的空间思维能力和细节深入能力。

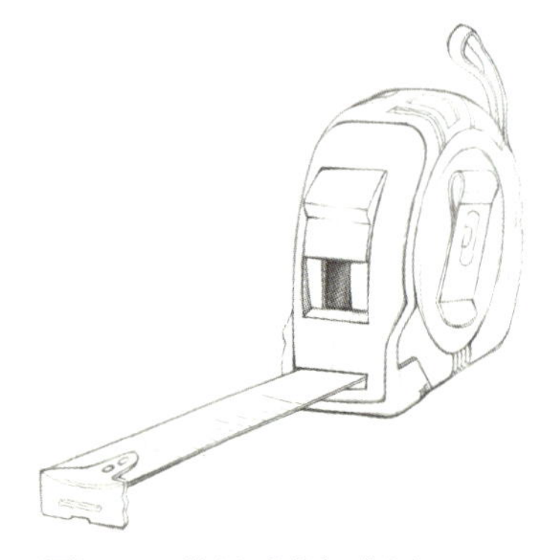

图5-15　卷尺手绘细节图（一）

图5-16　卷尺手绘细节图（二）

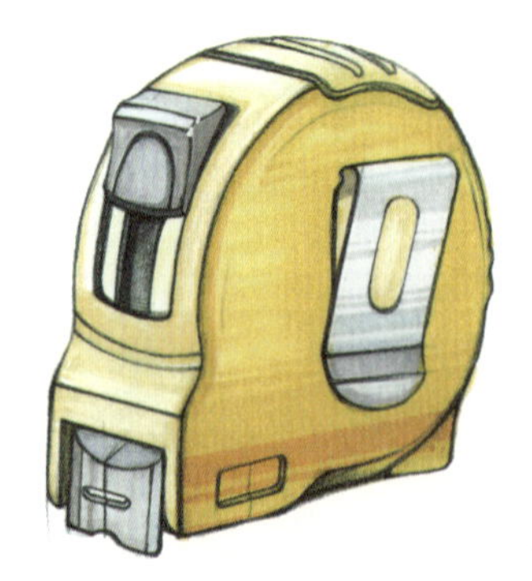

图5-17　卷尺手绘细节马克笔上色（一）

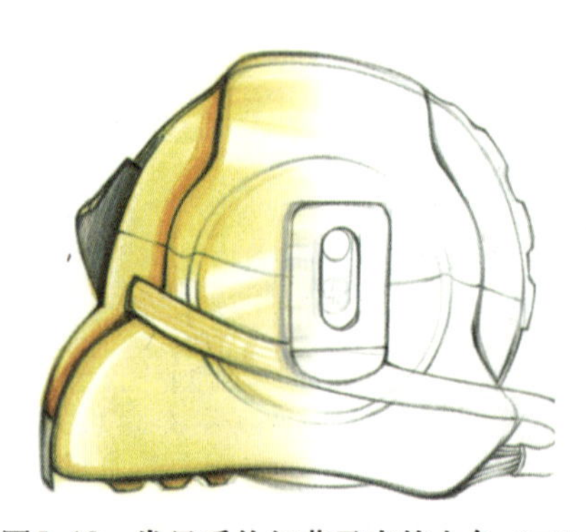

图5-18　卷尺手绘细节马克笔上色（二）

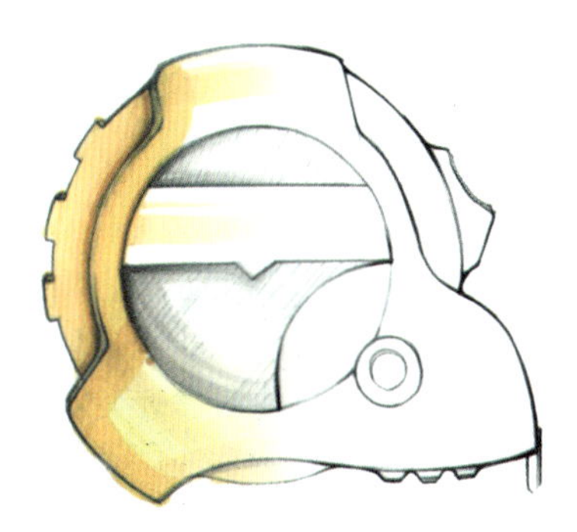

图5-19　卷尺手绘细节马克笔上色（三）

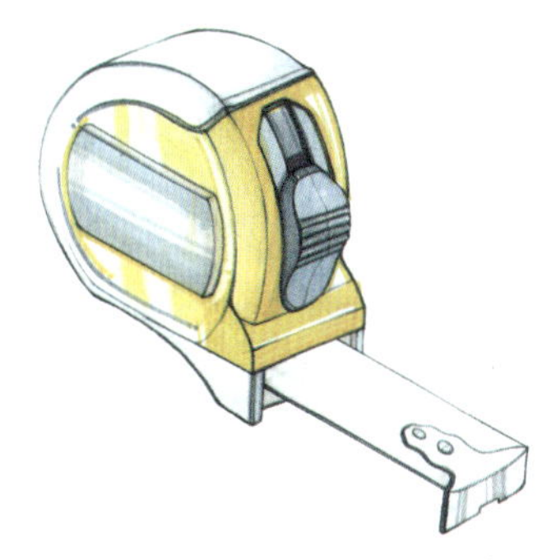

图5-20　卷尺手绘细节马克笔上色（四）

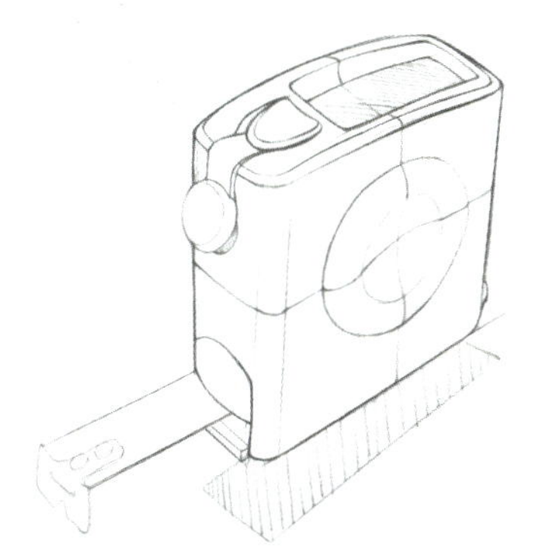

图5-21　方形卷尺手绘细节图

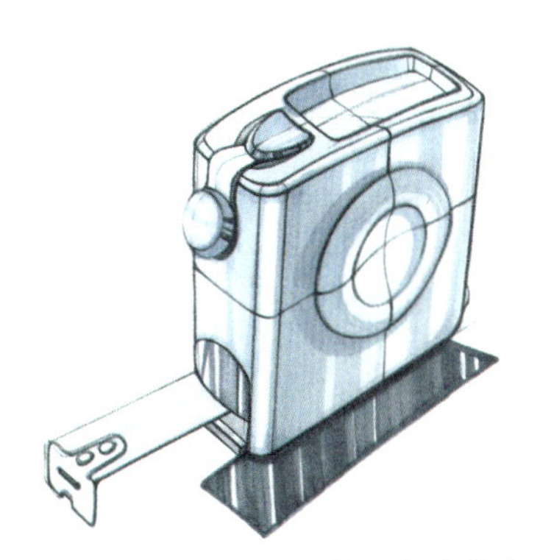

图5-22　卷尺手绘细节马克笔上色

5.3 创意发想

在这个推陈出新的年代，我们可以通过创造与交流来认识世界，好的认识和发现会让我们感到喜悦和骄傲。图5-23、图5-24的蜗牛卷尺就是很好的创意。

如图5-25所示，这款卷尺的设计富有情趣，是产品设计中的新生代宠儿，给一个机械性强烈的卷尺加入情感化的元素——戒指，来表达幸福的家庭可以用生命的长度来诠释。提炼戒指的造型，传达出夫妻俩用测量开始装修新家的寓意。

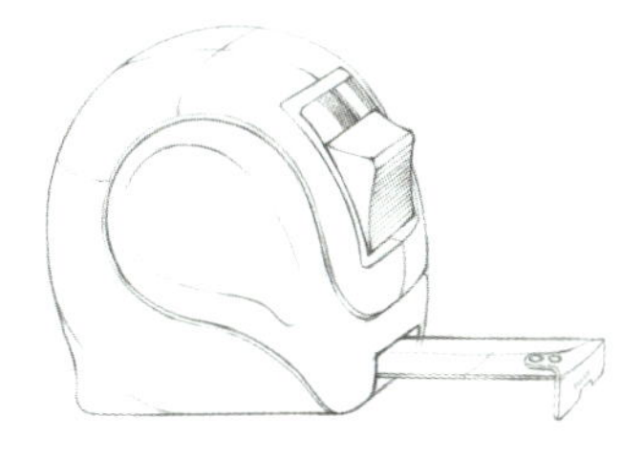

图5-23　蜗牛卷尺手绘线稿（一）

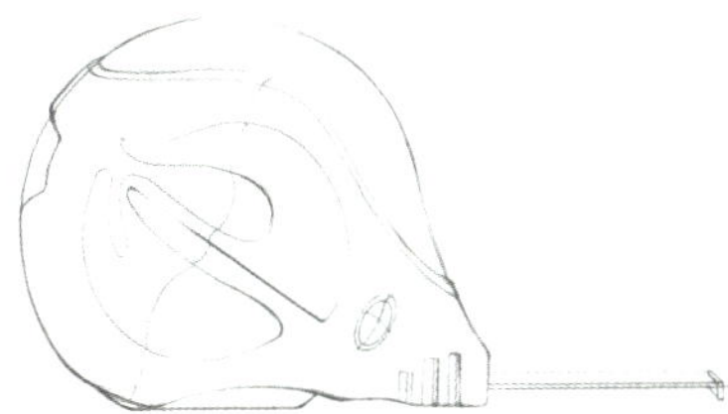

图5-24　蜗牛卷尺手绘线稿（二）

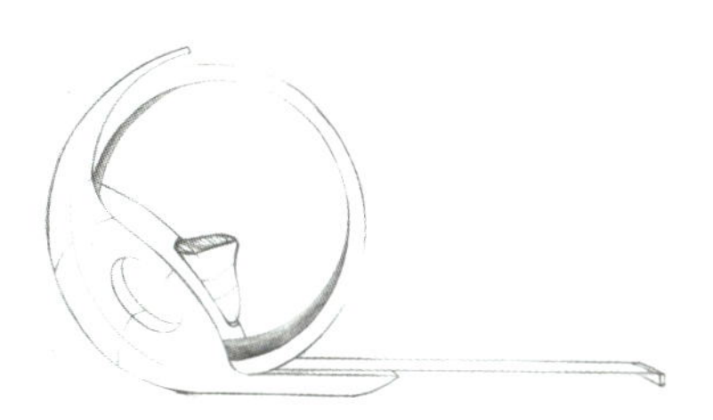

图5-25　戒指卷尺创意手绘线稿

密斯·凡·德·罗提出，“少即是多”。如图5-26至图5-29所示的卷尺设计中，剔除了那些纯粹的装饰造型，简洁的色彩显得产品更有质感。

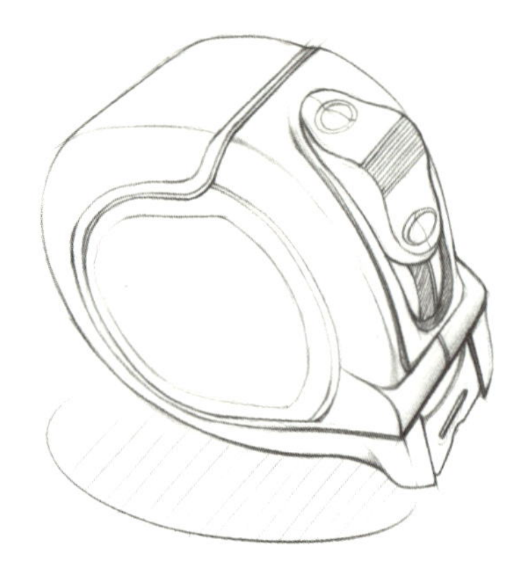

图5-26 创意卷尺手绘线稿

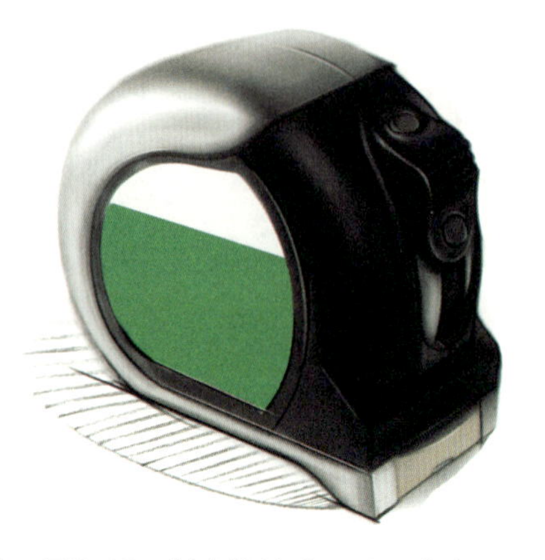

图5-27 创意卷尺Photoshop上色

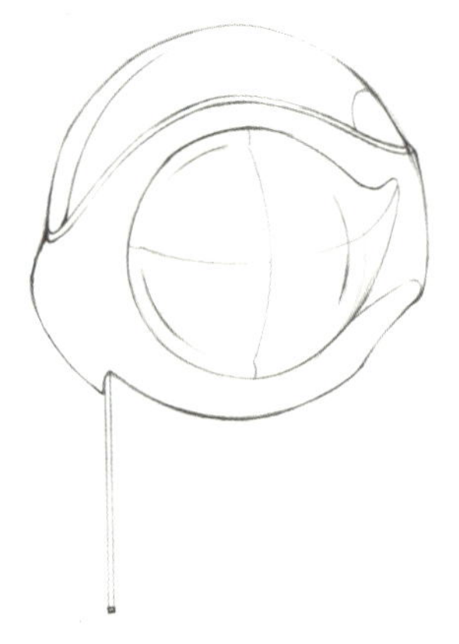

图5-28 简约卷尺创意手绘线稿

图5-29 简约卷尺Photoshop上色

第六章 鼠标创意设计与表达

本章以鼠标为实例，主要从产品临摹、产品细节以及产品创作三方面讲解鼠标手绘线条的表现技法。该内容包括产品的大体形态、透视、线条的流畅性、结构线、阴影、细节等方面。

设计师喜欢用铅笔迅速记录头脑中转瞬即逝的灵感，他们普遍认为，以这种方式在一张图纸上重叠绘制比一张张绘制草图的速度更快、更流畅，并且更容易发现和比较每个设计的区别。这种充满趣味、无拘无束地绘制草图的过程，通常运用于设计前期的头脑风暴，如图6-1所示。

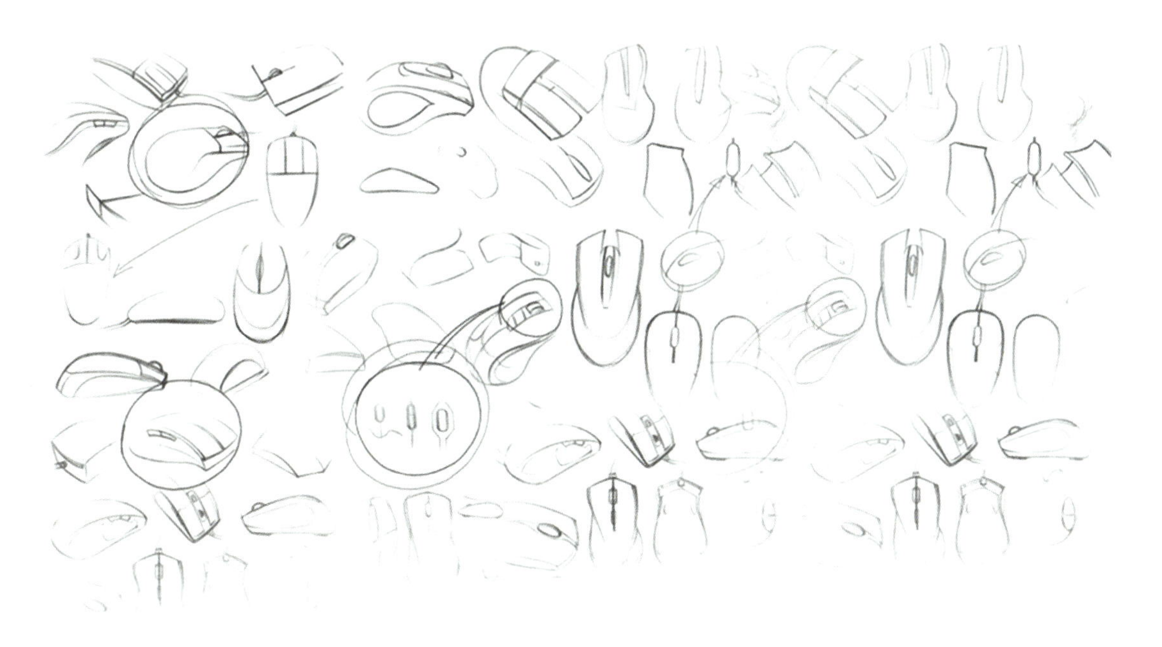

图6-1　头脑风暴

6.1 产品原图临摹

手绘训练最开始就是临摹。通过大量临摹已有鼠标的造型，来加深头脑中鼠标的形态意识并以此激发创作灵感。

学习手绘表达效果图，也和学习其他艺术一样，有一个由浅入深、由简单到复杂的过程。简单地临摹鼠标产品，把握住鼠标的大体造型是很重要的，如图6-2至图6-5所示。

图6-2 鼠标产品原图

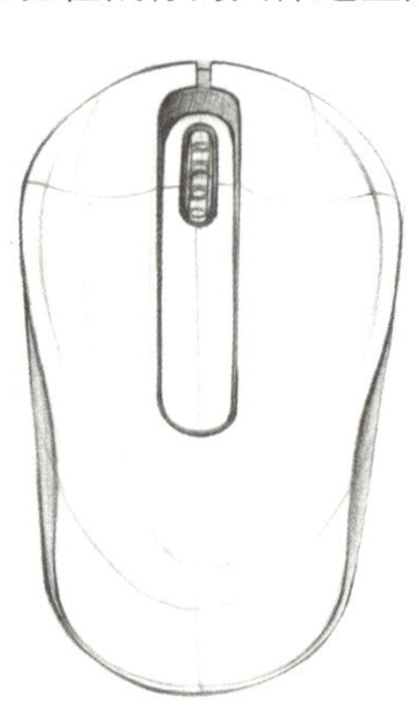

图6-3 鼠标手绘线稿

图6-4 鼠标产品原图

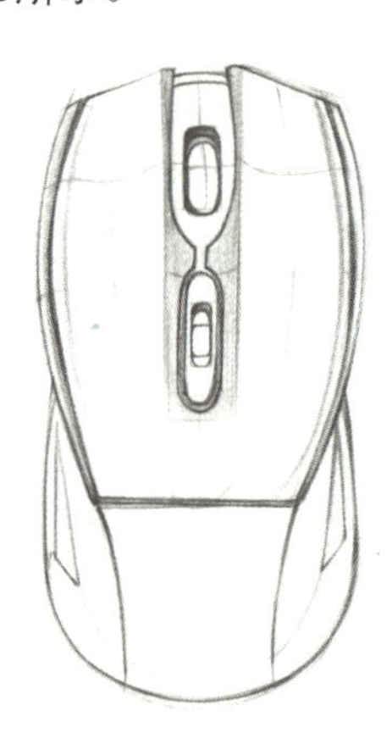

图6-5 鼠标手绘线稿

在绘制鼠标大体造型时，可以借助辅助线把握产品的长宽比例，轮廓确定以后再逐步进行鼠标细部的刻画，如图6-6至图6-9所示。

图6-6 鼠标产品原图

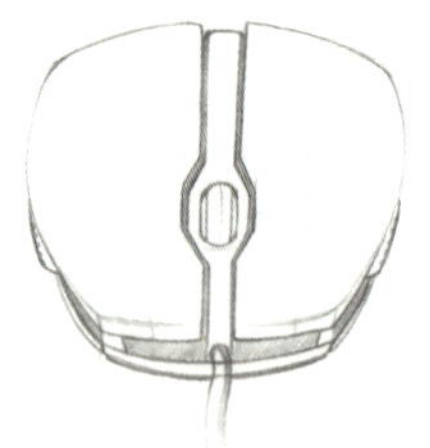

图6-7 鼠标手绘线稿

图6-8 鼠标产品原图

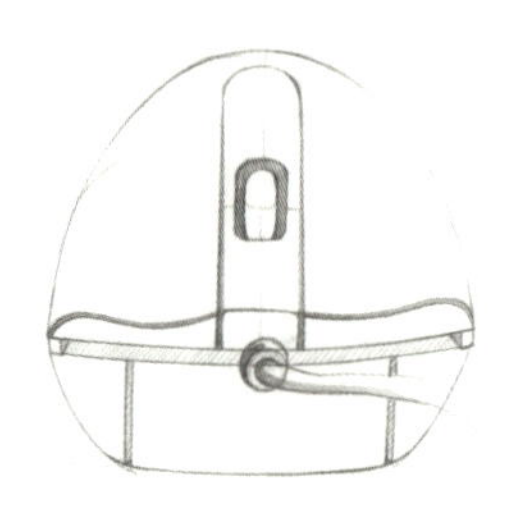

图6-9 鼠标手绘线稿

一个简单的形体，将它们表现在图上时往往只有几根线条，但是一笔一画之间包含着诸多意义：结构、比例、透视、光影，等等。线条之间的相互关系有时候是极其复杂的，这些相互关系也就决定了鼠标整体的造型是否美观、正确。因此，要有目的地去画，认真对待每一根线条，明白每根线条存在的意义，如图6-10、图6-11所示。

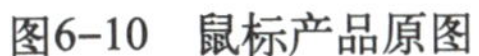

图6-10　鼠标产品原图

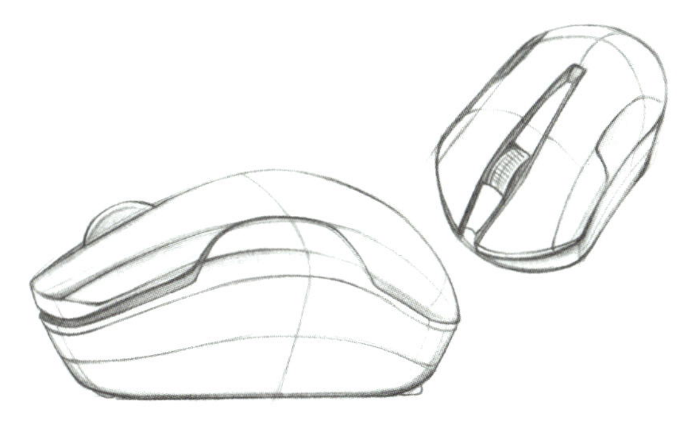

图6-11　鼠标手绘线稿

如何绘制流畅、快、轻、稳的线条？起笔时要注意手腕不要抖动，要与手臂一致，下笔之前可以先来回拉两下，一条线没有画完之前不要急于收笔。初学者需要进行大量的线条练习，从中慢慢熟悉如何掌握线条的走向，如图6-12、图6-13所示。

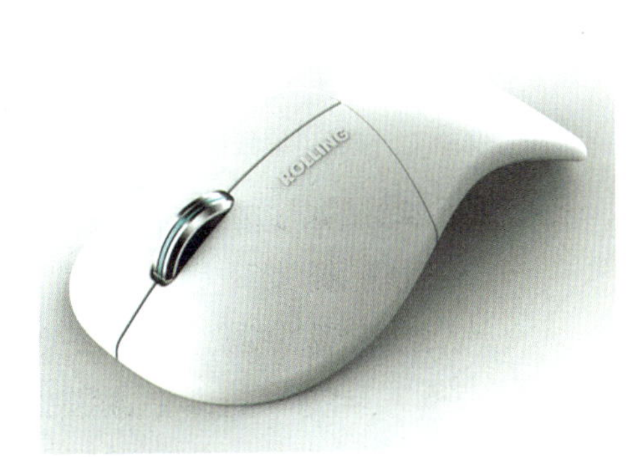

图6-12　鼠标产品原图

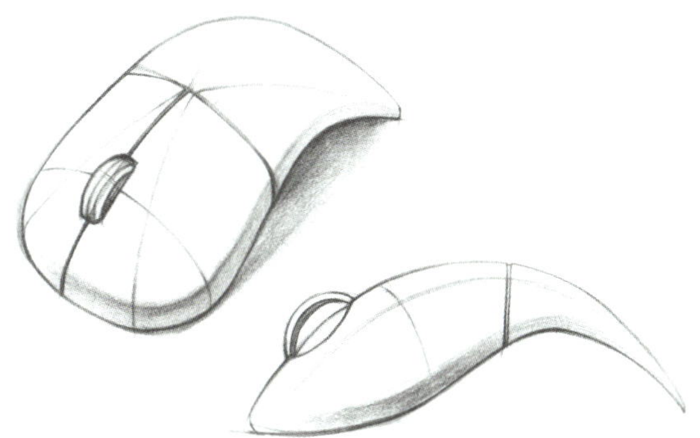

图6-13　鼠标手绘线稿

如何绘制线条使产品更加生动？要把握线条在产品中的虚实关系，处理好线条的轻重关系，适当地简化产品的造型，不能照着实物图按部就班地画，要利用好结构线这一“工具”，这种工具可以使造型更具立体感，并且可以辅助整理造型，如图6-14、图6-15所示。

图6-14　鼠标产品原图

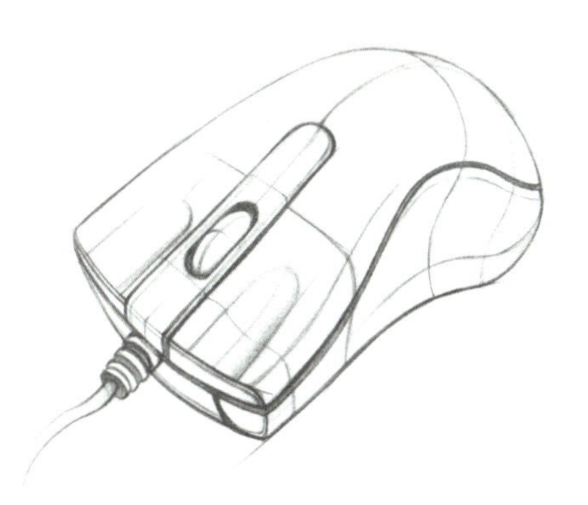

图6-15　鼠标手绘线稿

在关键位置加入一些必要的结构线，会增强产品的立体感。结构线的线条不能深于描绘鼠标的轮廓线，以使产品的结构和造型看上去更清晰。结构线可以省去某些复杂的暗面和细节部分的绘制，达到简化鼠标造型的效果，如图6-16至图6-17所示。

掌握了大体形态并加入结构线之后，就可以为鼠标上色了。上色时线条的走向要与鼠标的结构一致，光感也要顺着产品的结构统一表现。这样的绘制效果才符合鼠标的光感和层次感，使得产品更加真实，如图6-18至图6-22所示。

需要明确的是，必须先画好形，再开始上色。形体是骨架，色彩是血肉，只有把骨架画准确后，色彩才能起到润色和渲染的作用。

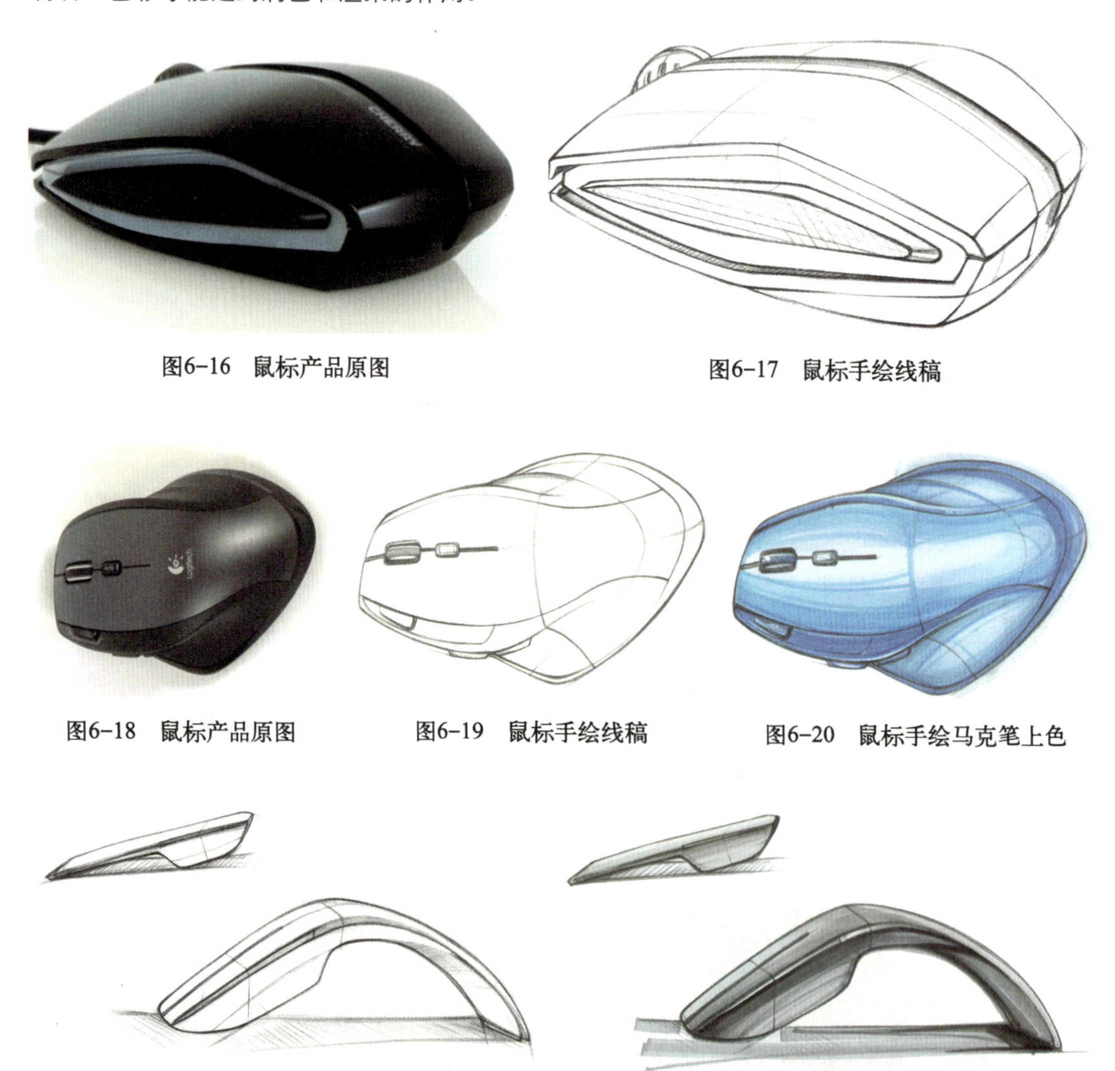

图6-16　鼠标产品原图

图6-17　鼠标手绘线稿

图6-18　鼠标产品原图

图6-19　鼠标手绘线稿

图6-20　鼠标手绘马克笔上色

图6-21　鼠标手绘细节图

图6-22　鼠标手绘细节马克笔上色

手绘鼠标时，应把握好按键间隙线条的虚实，尽量体现间隙的空间感。用来表现光的线条要顺着结构走。为了使面的转折更缓和，反光不要画在轮廓线上，如图6-23、图6-24所示。

画产品时，尽可能选择富有表现力的视角，目的是优化产品造型信息。如图6-25、图6-26所示的鼠标中，几乎能看到鼠标的所有信息：大小尺寸、比例、按照透视比例收缩大小、滚轮等，这样有利于绘制更多的细节。

临摹大量类似的鼠标造型后，看到图6-27、图6-28的这一款用切削面表达转折的鼠标造型让我们眼前一亮，瞬间打开了创意的源泉，启发了后期头脑风暴的灵感，这恰好是临摹的用意所在。

图6-23　鼠标产品原图

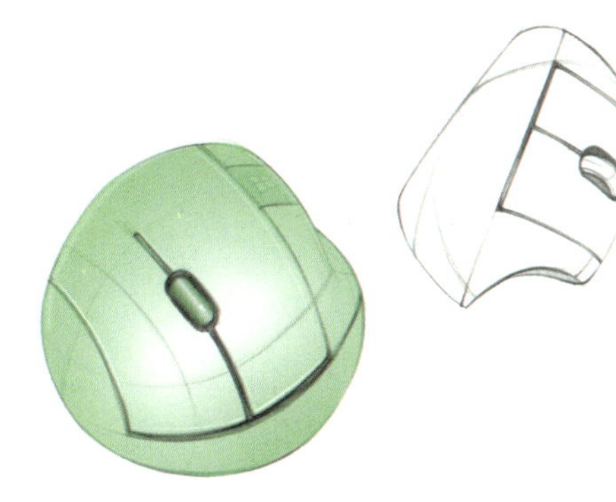

图6-24　鼠标手绘马克笔上色

图6-25　鼠标产品原图

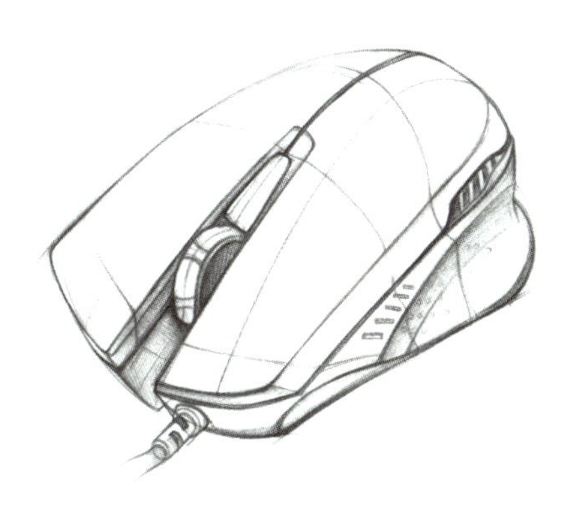

图6-26　鼠标手绘线稿

图6-27　鼠标产品原图

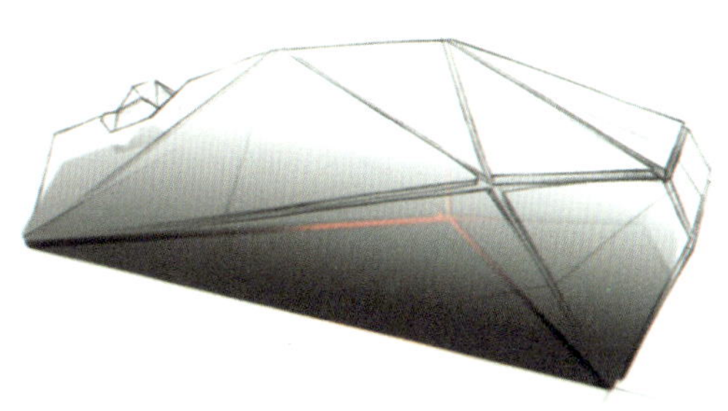

图6-28　鼠标手绘马克笔上色

6.2 细节刻画

细节刻画主要是对产品的设计点和设计结构的关键处进行清晰化表现，这部分训练主要考查手绘者的空间思维能力和细节深入能力，如图6-29至图6-34所示。

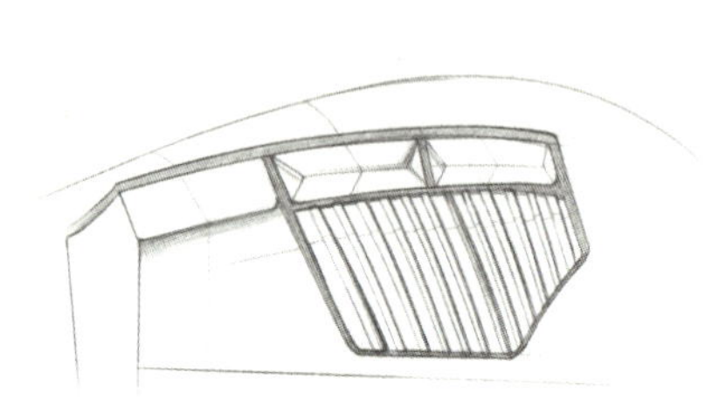

图6-29 鼠标细节刻画（一）

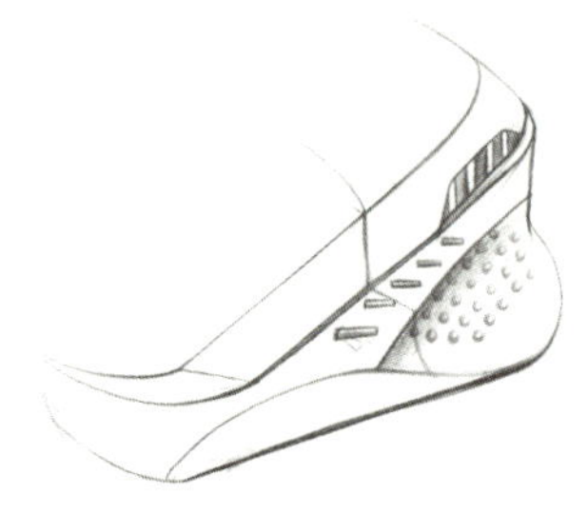

图6-30 鼠标细节刻画（二）

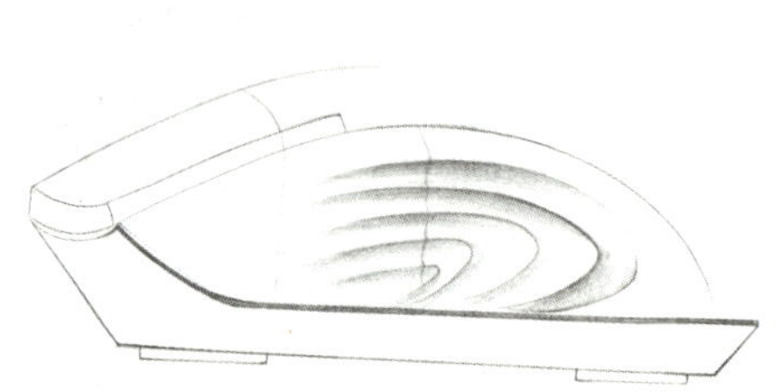

图6-31 鼠标细节刻画（三）

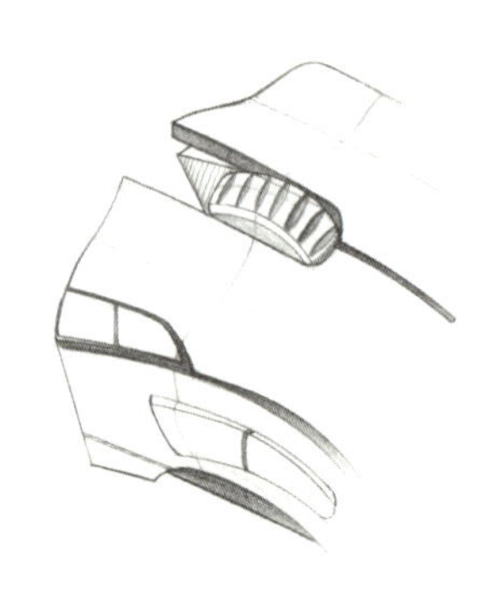

图6-32 鼠标细节刻画（四）

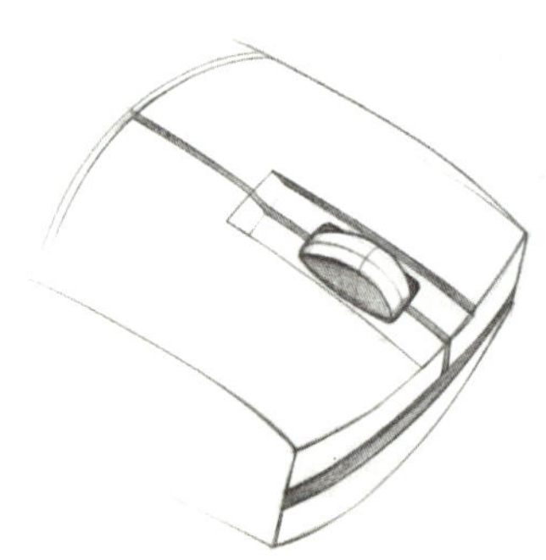

图6-33 鼠标细节刻画（五）

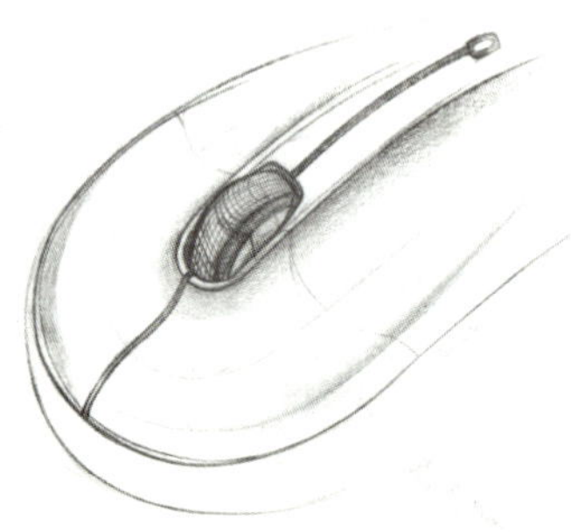

图6-34 鼠标细节刻画（六）

关于细节，线条的魅力是强大的。滚轮和鼠标尾部的肌理因为线条的粗细不同被展现得淋漓尽致。

细节一：滚轮。

滚轮的形绘制精确后，将间隙加深，但并不是一直沿着轮廓线加深。为形成空间感和透气感，要把握好线条间隙的虚实，不能太死板。

细节二：鼠标尾部的肌理结构离边缘线近的地方线条需清晰，切割面需用铅笔涂成一个面，与光滑面形成对比，在关键的转折处需画一条结构线，同时也称为棱线，如图6-35至图6-42所示。

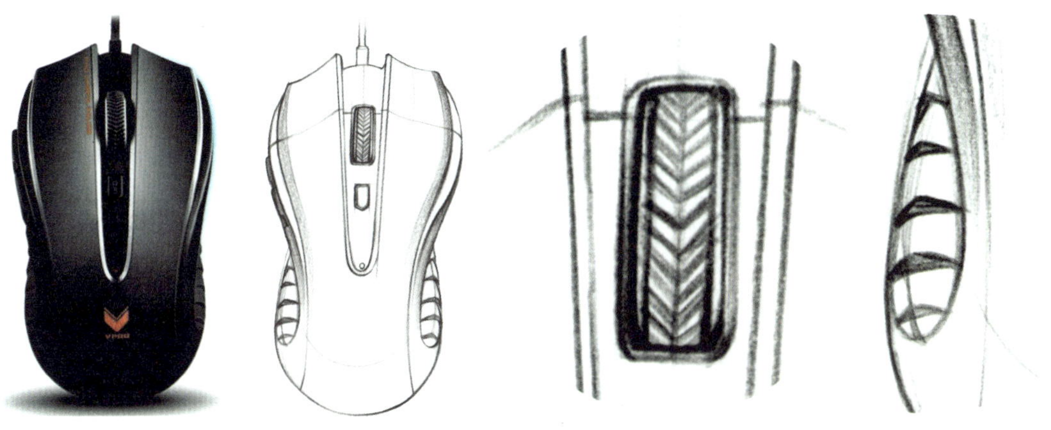

图6-35　鼠标产品原图　图6-36　鼠标手绘线稿　图6-37　鼠标手绘细节图（一）　图6-38　鼠标手绘细节图（二）

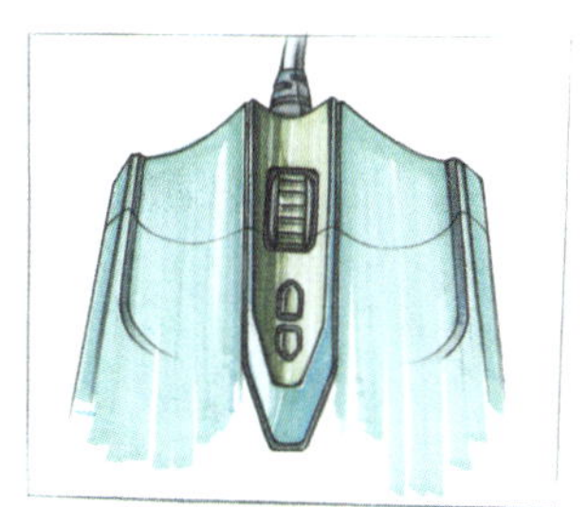

图6-39　鼠标手绘细节马克笔上色（一）

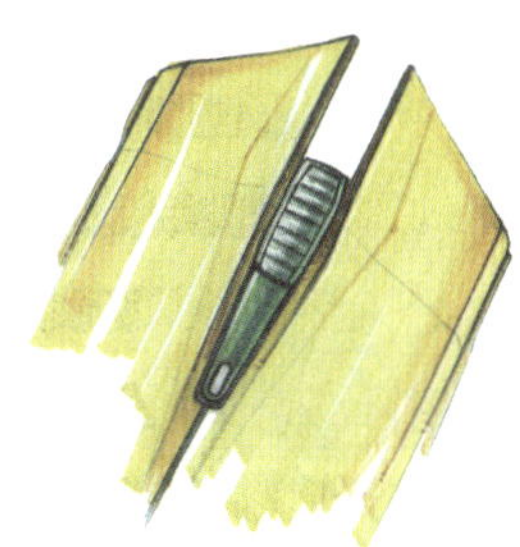

图6-40　鼠标手绘细节马克笔上色（二）

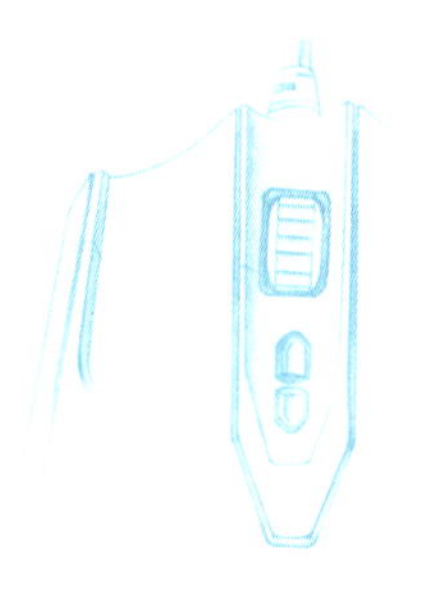

图6-41　鼠标手绘细节图（一）

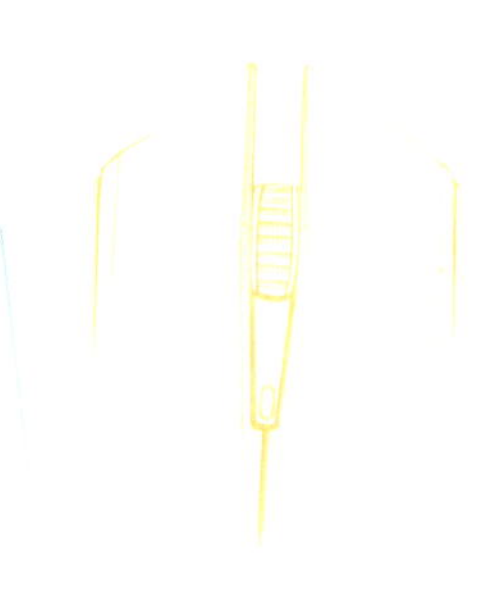

图6-42　鼠标手绘细节图（二）

6.3 创意发想

创意构思阶段，头脑风暴的思维碰撞可能会发展成后期真正的设计方案。在此之后，每个想法都会有很多“问题”需要解决或优化。下面是关于鼠标的一些创意发想，如图6-43至图6-50所示。

头脑风暴之后，要开始不断修改设计草图，每一根线条的走向都是可以进行设计与创新的元素，不要否定任何一个想法，因为它们将是千万个创意的源头，如图6-51至图6-56所示。

设计师要善于用手绘表现自己的创意思维。在设计创意过程中，需积极与设计团队进行交流，适当画一些简易的能展示各个部件之间的关系的工程侧视图和分解图，有利于别人对设计创意的理解，如图6-51至图6-54所示。

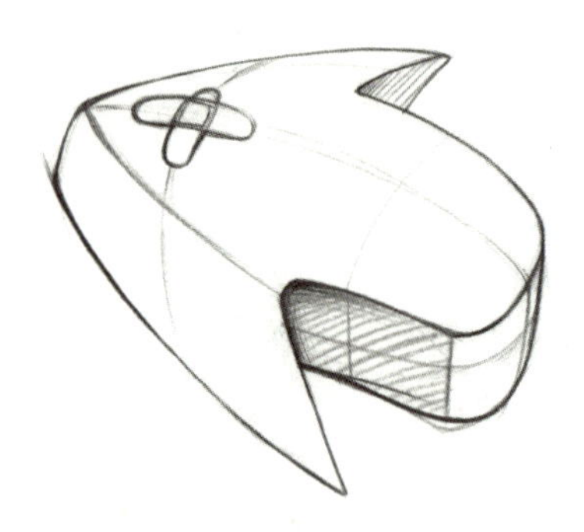
图6-43 燕形鼠标创意手绘线稿

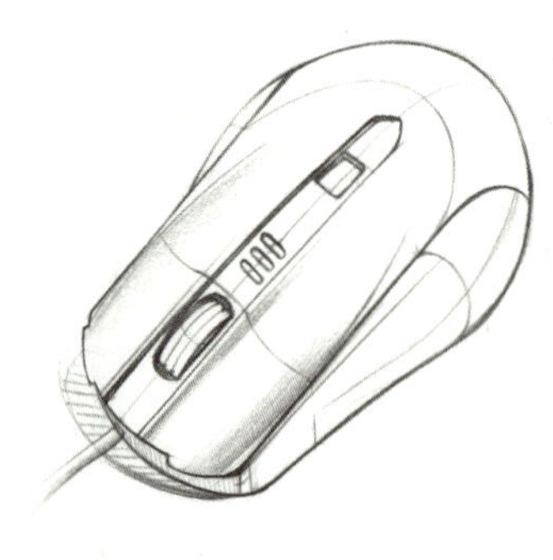
图6-44 鼠标创意手绘线稿（一）

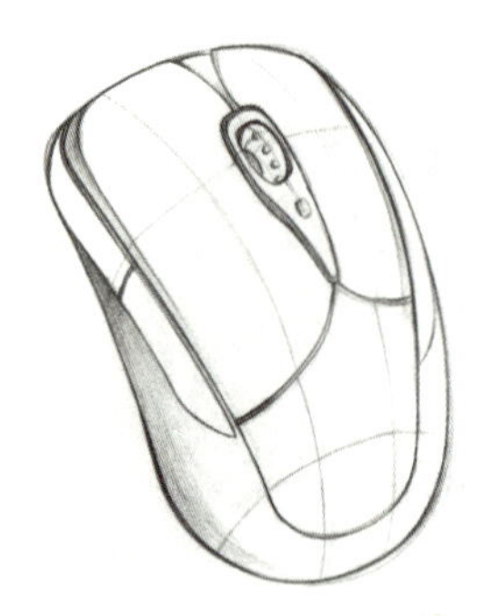
图6-45 鼠标创意手绘线稿（二）

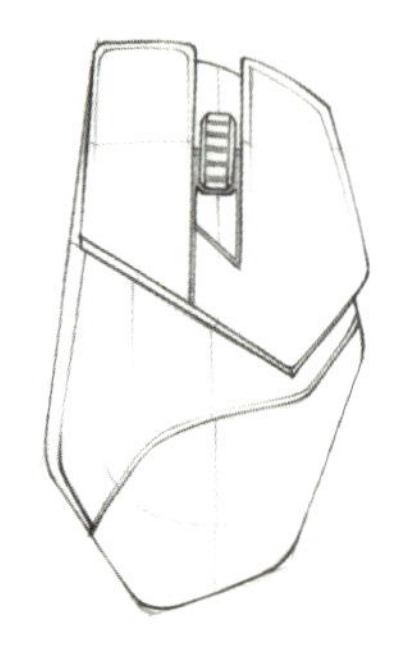
图6-46 梯形鼠标创意手绘线稿

图6-47 鼠标创意手绘线稿（三）

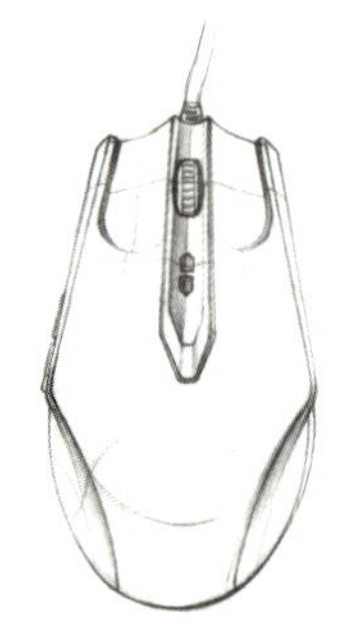
图6-48 鼠标创意手绘线稿（四）

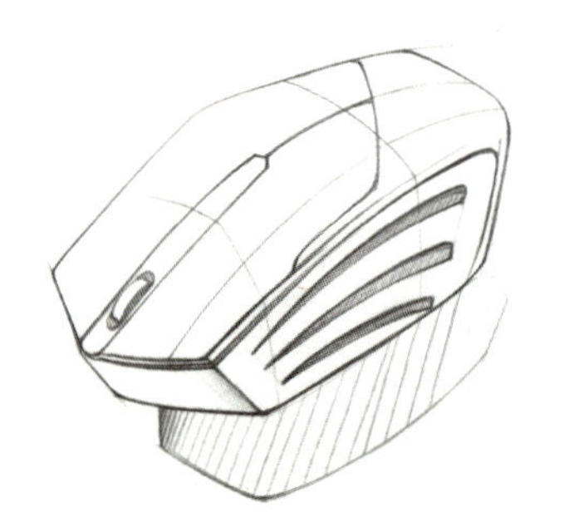
图6-49 鼠标创意手绘线稿（五）

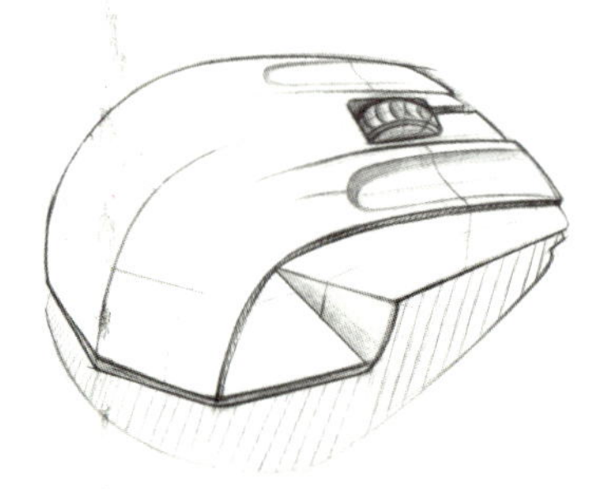
图6-50 老鼠鼠标创意手绘线稿

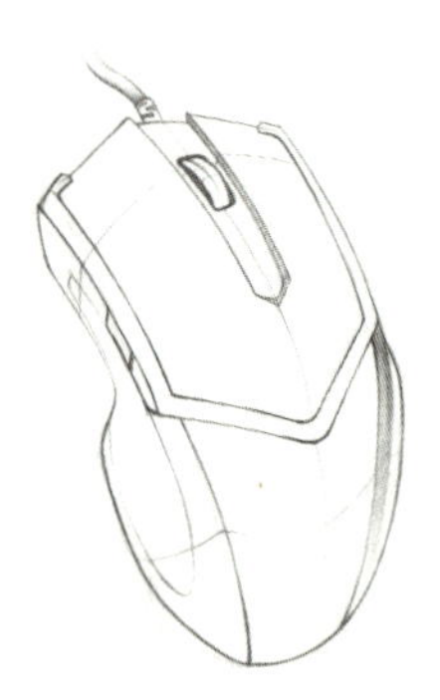
图6-51 盾牌鼠标创意手绘线稿

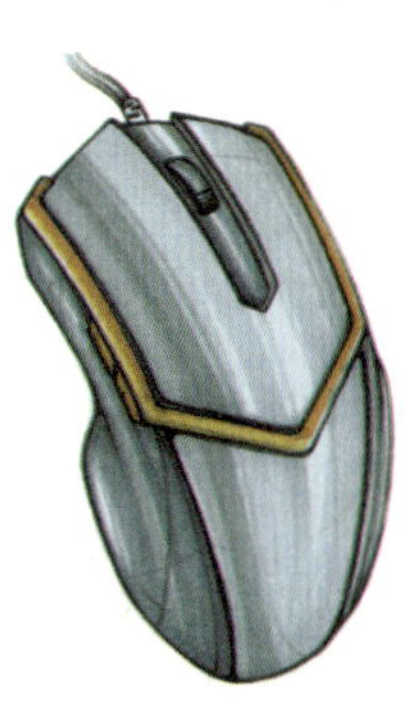
图6-52 盾牌鼠标创意手绘马克笔上色

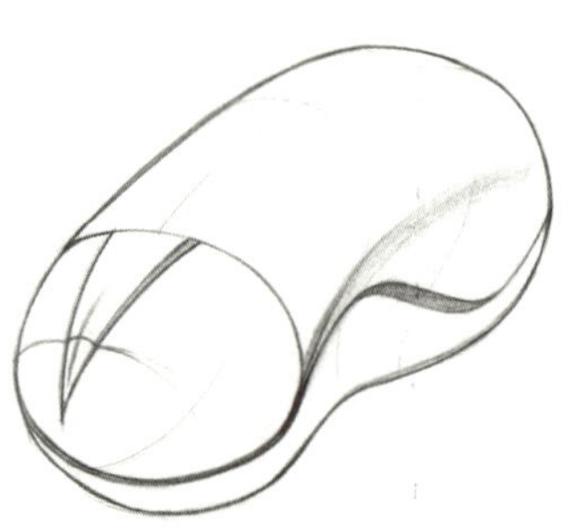
图6-53 茧形鼠标创意手绘线稿

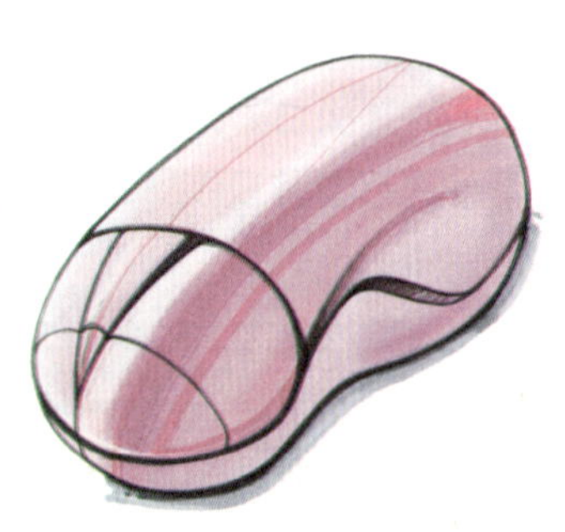
图6-54 茧形鼠标创意手绘马克笔上色

在给鼠标上色时，除了用彩铅、马克笔等手绘工具，设计师还经常运用Photoshop进行线稿的二维上色。例如观察到鼠标的色块主要为灰黑色和暗橙红色，就需根据自己的感觉整体上色，不要依照产品的色彩呆板地绘制，如图6-55至图6-61所示。

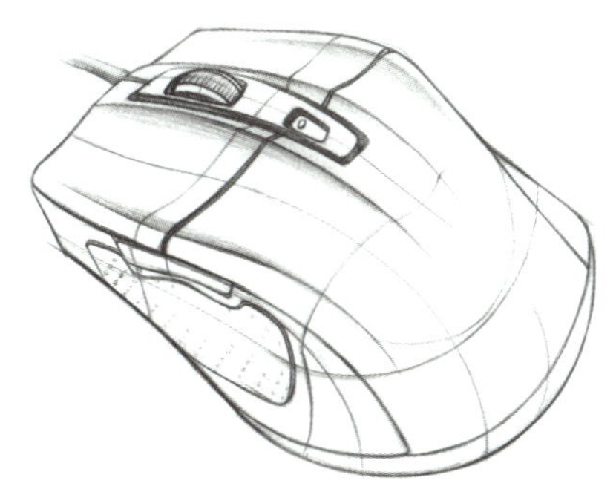

图6-55　鼠标创意手绘线稿

图6-56　鼠标创意手绘马克笔上色

图6-57　鼠标创意手绘Photoshop上色（一）

图6-58　鼠标创意手绘Photoshop上色（二）

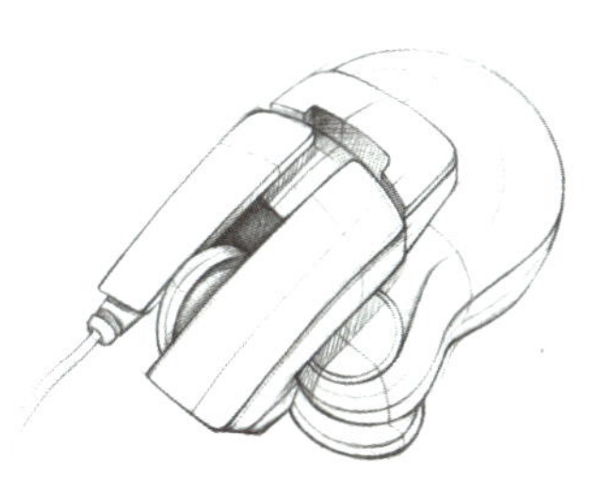

图6-59　机械鼠标手绘线稿

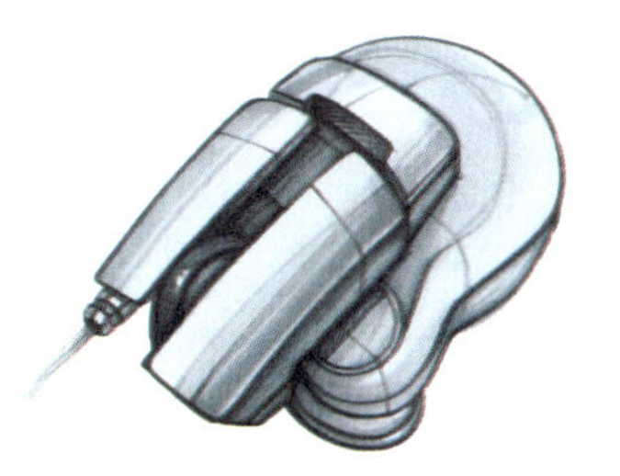

图6-60　机械鼠标手绘马克笔上色

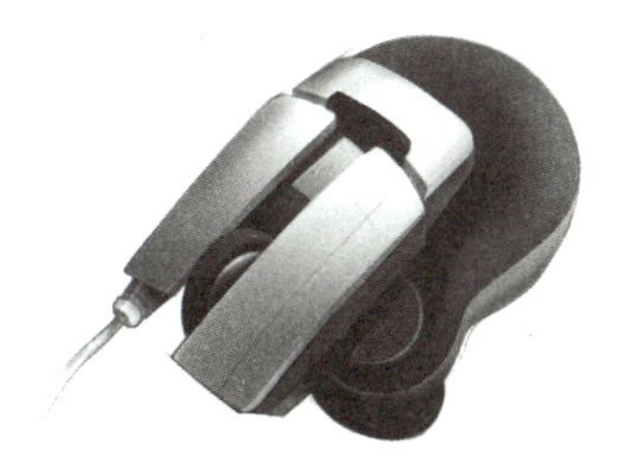

图6-61　机械鼠标手绘Photoshop上色

在鼠标手绘中，投影的绘制也很重要，首先要弄清光源来自哪个方向，分析产品的明暗关系，接着投影的位置就比较容易绘制了。以图6-64的鼠标为例，光源来自左上角，明暗交界线在相反的部位，因此，右下方为投影位置，投影的形状则是根据鼠标的外形和角度来确定。为了处理好明暗关系，塑造鼠标形体的层次感，底部的轮廓线（统称阴影线）应画得较粗，如图6-62至图6-64所示。

图6-62 鼠标手绘线稿　图6-63 鼠标手绘马克笔上色　图6-64 鼠标手绘Photoshop上色

从手绘效果图到电脑精确建模的过程中，需充分利用各种媒介将草图清晰化、细节化，以此绘制出精美的电脑建模图，如图6-65所示。

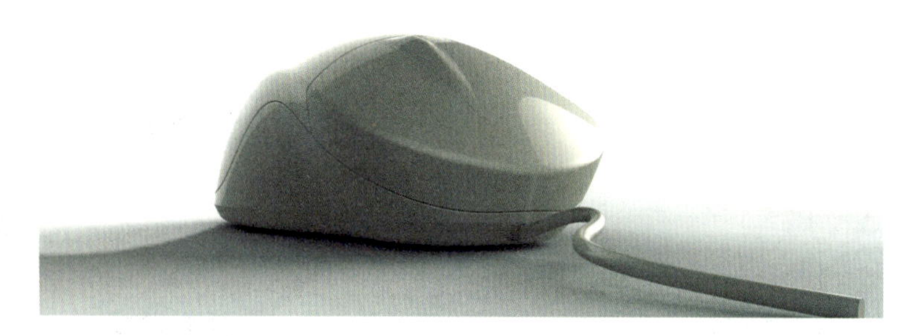

图6-65 鼠标电脑建模图

第七章 锤子和手电钻创意设计与表达

本章主要通过多角度对产品及其使用方式的分析进行草图绘制，对读者是一种思维引导，对手绘者本身也是一种空间思维的考量。线条可以根据产品的结构走势进行相应的变化，或虚或实，或轻或重，变化中亦可以感受产品本身的造型。

7.1 产品原图临摹

这一部分的线稿讲述的是手工具形态与形态之间的创意变化，主要依据一个主体产品选取其中的两个部件进行创新设计，设计的过程中就会发现产品的规律，需要在遵循这些规律的基础上进行可行性变化。下面临摹的产品是锤子和手电钻，如图7-1至图7-9所示。

图7-1　锤子产品原图细节变化

图7-2　锤子手绘线稿细节变化

图7-3　手电钻产品原图（一）

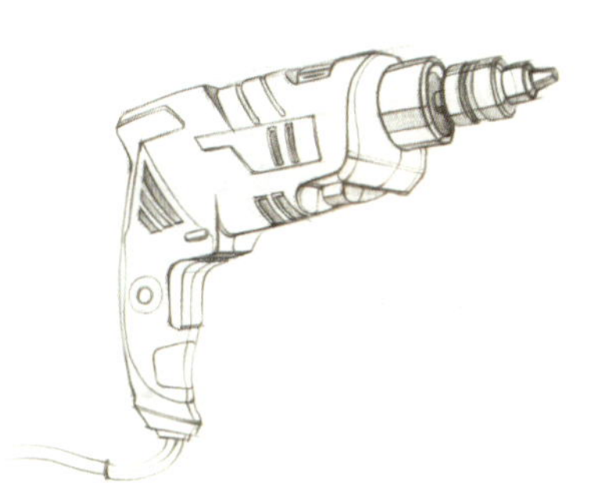
图7-4　手电钻手绘线稿（一）

图7-5　手电钻产品原图（二）

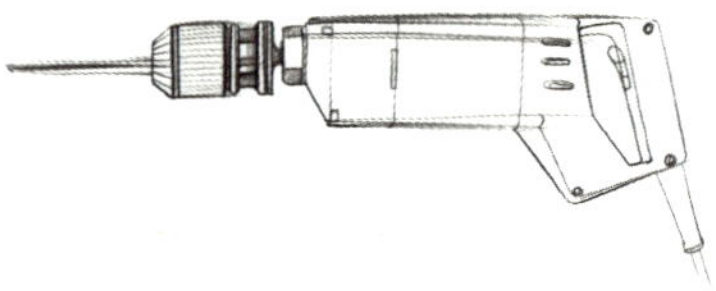

图7-6　手电钻手绘线稿（二）

图7-7　手电钻手绘马克笔上色（一）

图7-8　手电钻产品原图（三）

图7-9　手电钻手绘马克笔上色（二）

7.2 细节刻画

多角度细节刻画主要是把产品的设计点和设计结构的关键处表现出来，这个训练考查手绘者的空间思维能力和细节深入能力，如图7-10至图7-23所示。

手电钻局部上色时，为了能够体现其部件的质感和空间效果，可以通过背景烘托法和高光提取法来实现，如图7-24、图7-25所示。

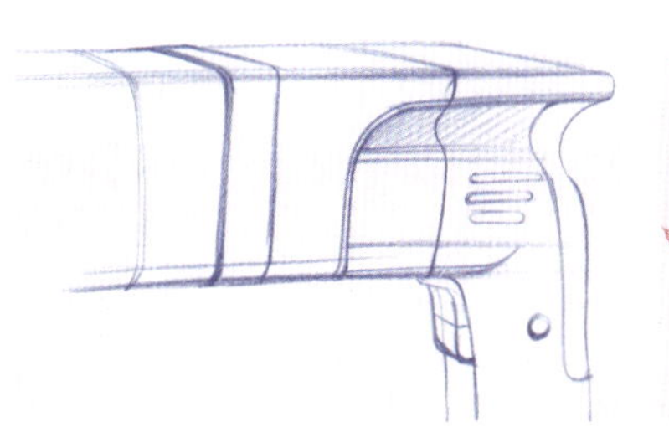

图7-10　结构手绘细节图（一）

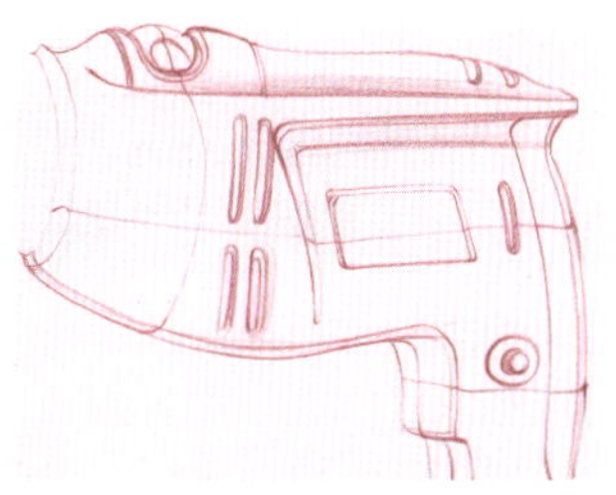

图7-11　结构手绘细节图（二）

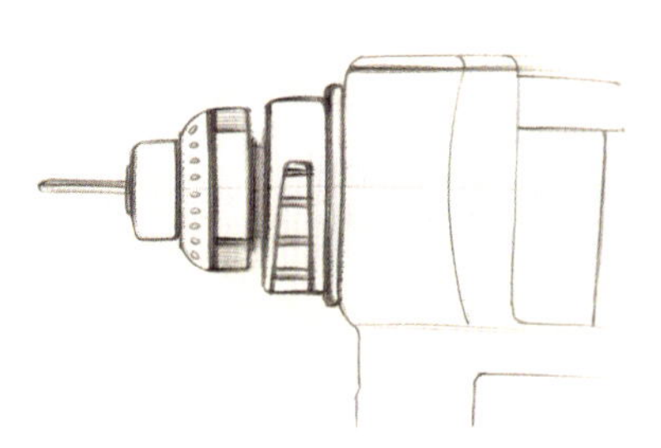

图7-12　钻头手绘细节图

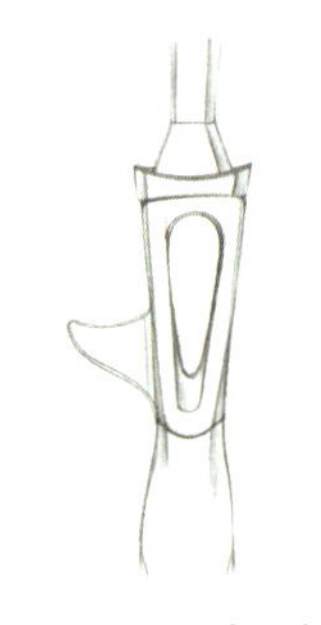

图7-13　把手手绘细节图

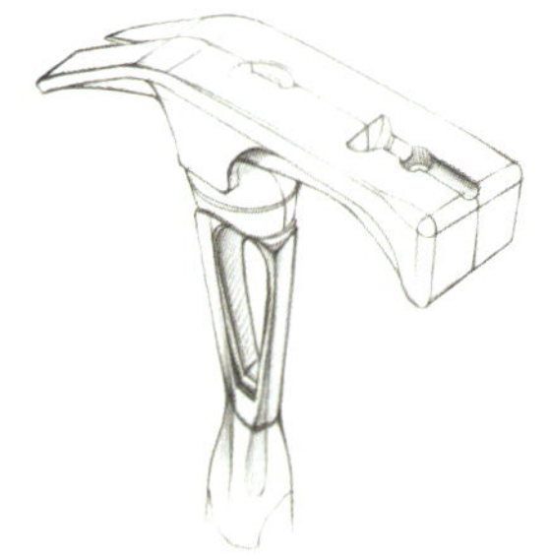

图7-14　锤头手绘细节图（一）

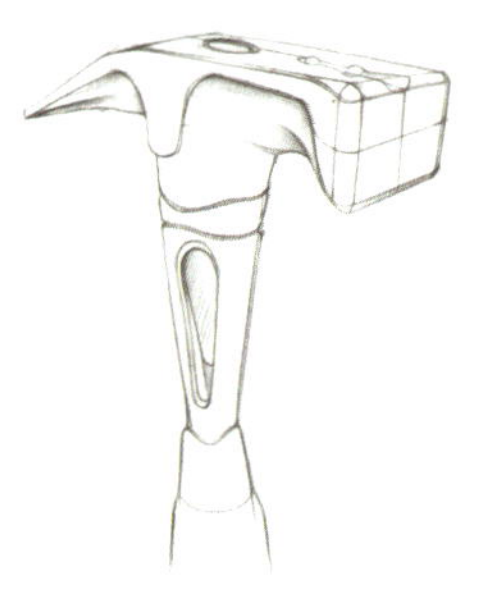

图7-15　锤子手绘细节图（二）

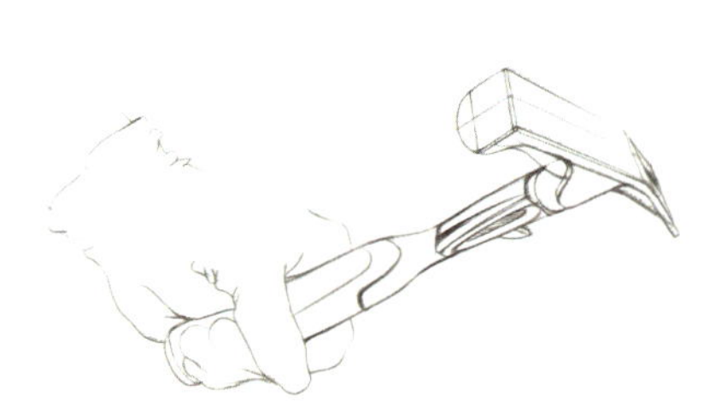

图7-16　把手使用手绘细节图（一）

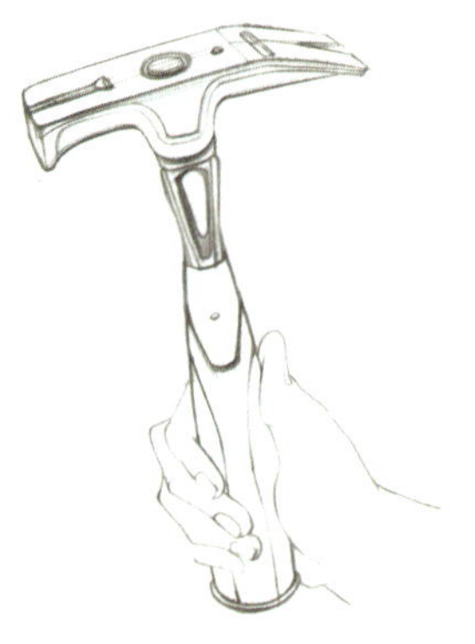

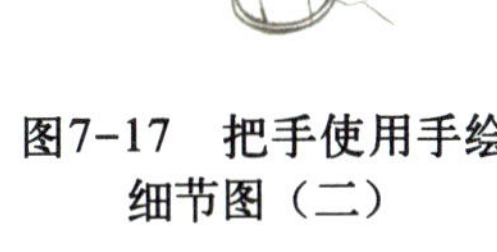

图7-17　把手使用手绘细节图（二）

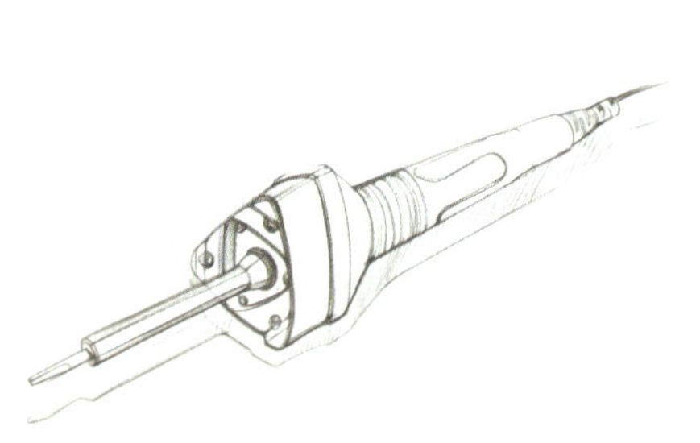

图7-18　手电钻手绘细节图（一）

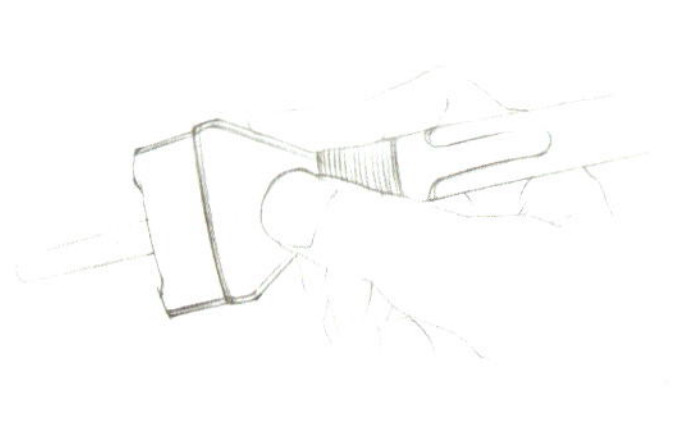

图7-19　手电钻使用手绘细节图（二）

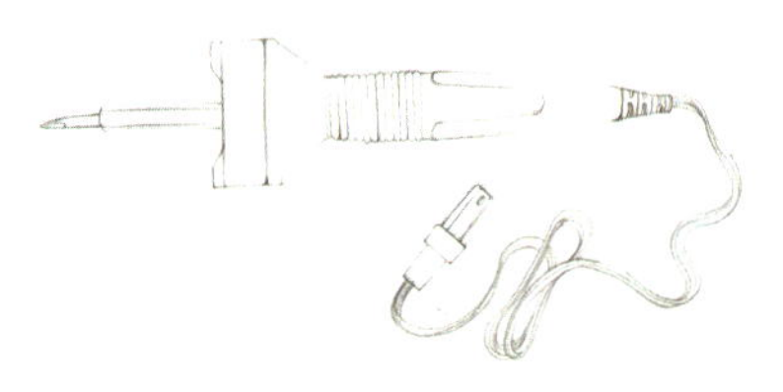

图7-20　手电钻手绘细节图（三）

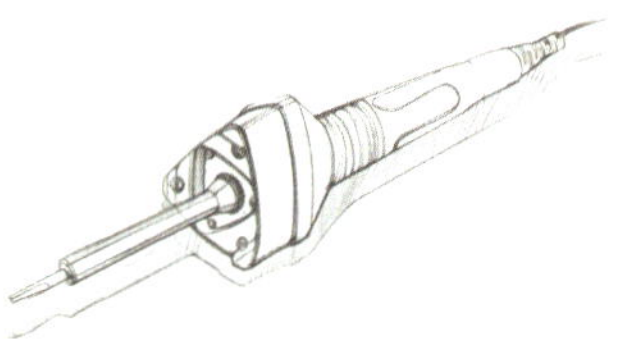

图7-21　手电钻手绘细节图（四）

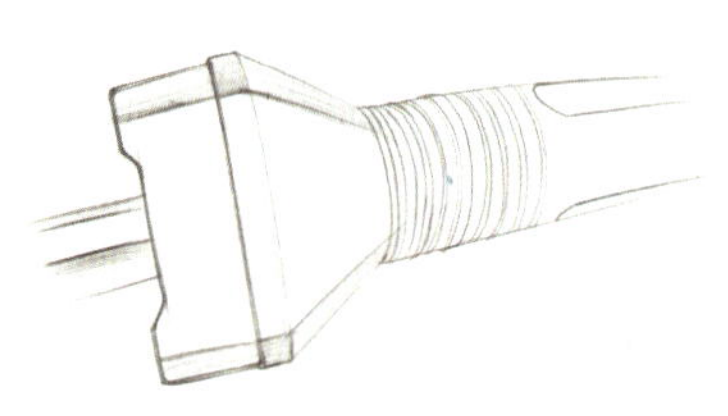

图7-22　把手手绘细节图

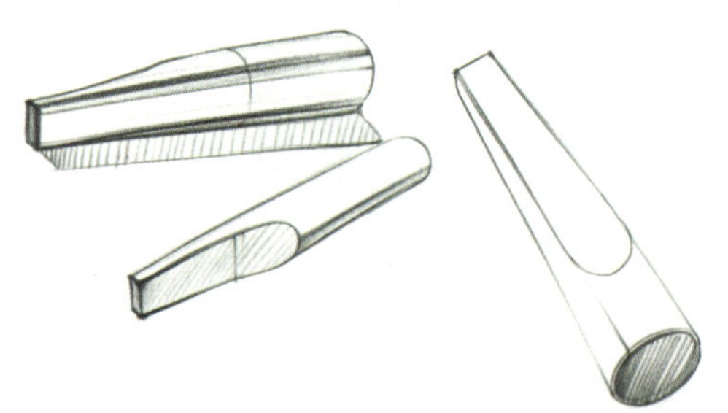

图7-23　钻头手绘细节图

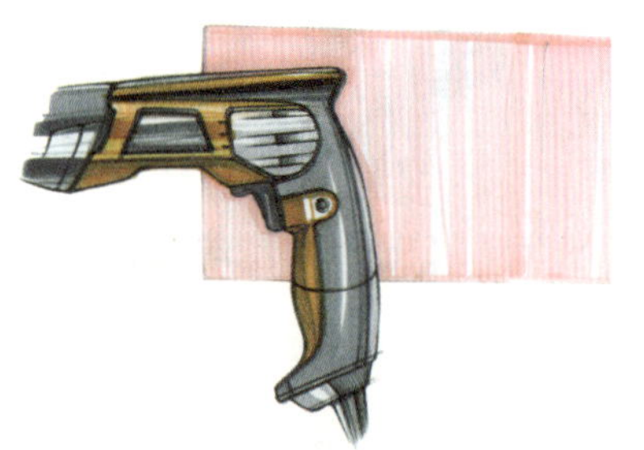

图7-24　手电钻背景手绘马克笔上色

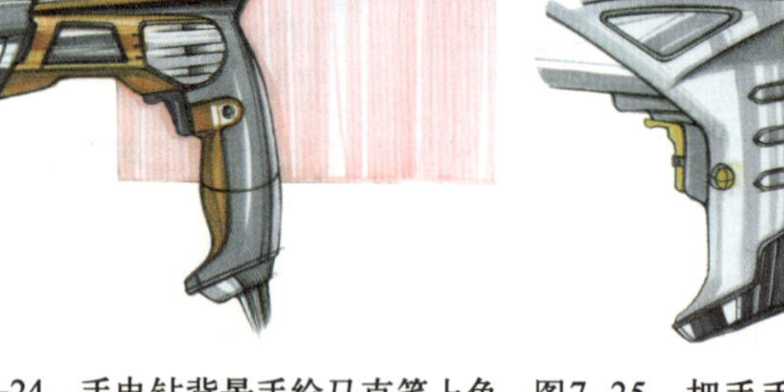

图7-25　把手手绘马克笔上色

7.3 创意发想

手电钻的形态创意主要表现在以机身部位作为发想对象进行变化，这些变化主要在于手电钻机身部位每道分模线、每个散热孔、每个螺钉位置都与其整体关联密切，当我们在对这些部位进行变化时，一定要保证手电钻在形态表面与内部构造不会发生冲突的情况下进行，如图7-26至图7-28所示。

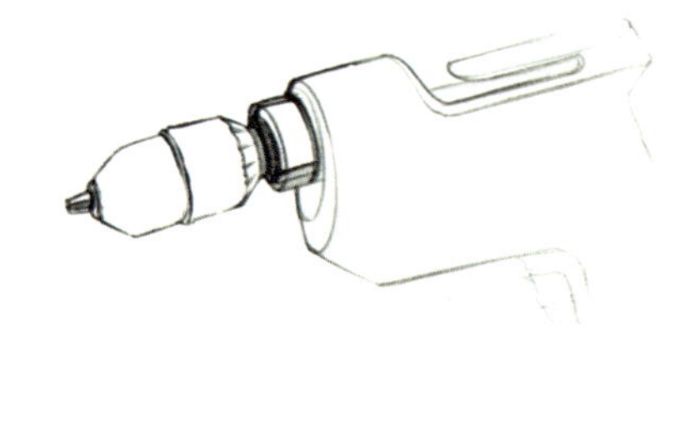

图7-26　形态探索手绘线稿

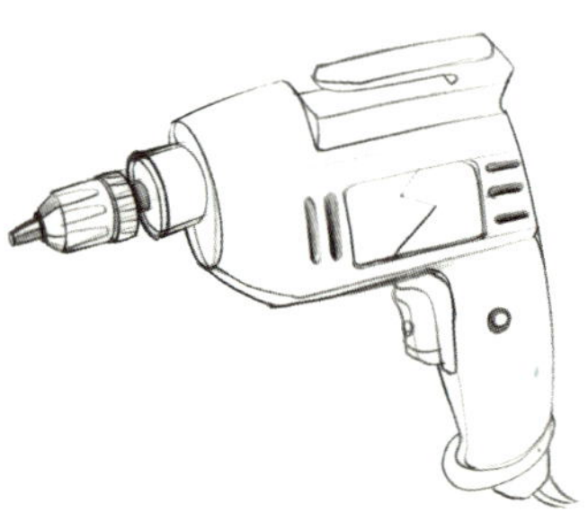

图7-27　手电钻手绘线稿

图7-28　手电钻手绘马克笔上色

在手电钻的创意表达中，设计师往往不清楚一块暗灰面在马克笔中的排色方法，经常会因为油性马克笔的颜料过多导致色彩溢出，破坏了画面效果，这就需要我们在运笔前着重分析产品受光下的质感规律。

通常我们会在产品四周用马克笔宽头勾勒出一圈，接着迅速用湿画法填充暗灰面。这样既可以防止笔油溢出产品造型之外，又可以使画面色彩更加自然和谐，如图7-30所示。

我们在处理一个产品的受光情况时，处理的次序与方法因人而异，但总的要求是一样的。我们可以将产品的受光规律整合成一个圆柱的受光情况（如图7-29所示），当光源从上方照射下来，且存在环境物体，必定会存在受光面（即亮面）、暗面和过渡面（即灰面），同时在色彩关系上存在固有色、光源色和环境色，如图7-30所示。

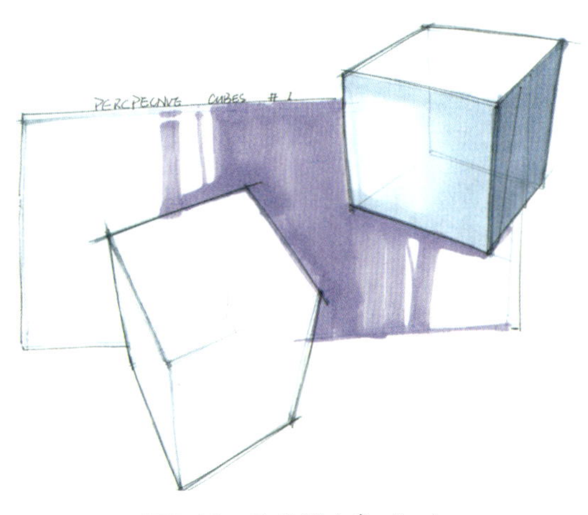

图7-29　马克笔上色（一）

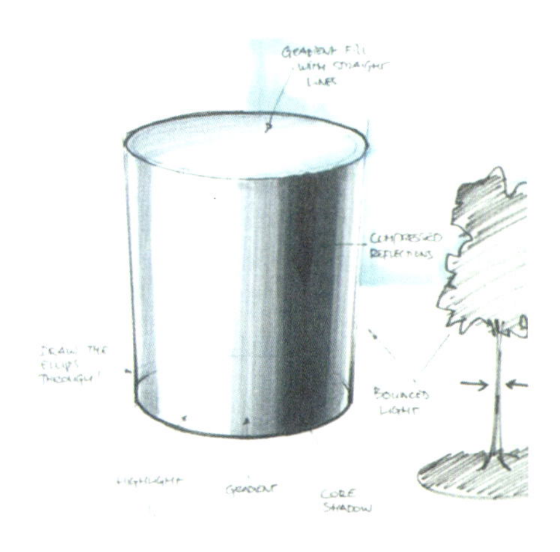

图7-30　马克笔上色（二）

笔触未干时配合马克笔粗、细头交替绘制，形成一定的渐变效果，从而体现产品厚度。使用这种方法前，最好先在其他纸面上运笔找准感觉再作画，如图7-31至图7-34所示。

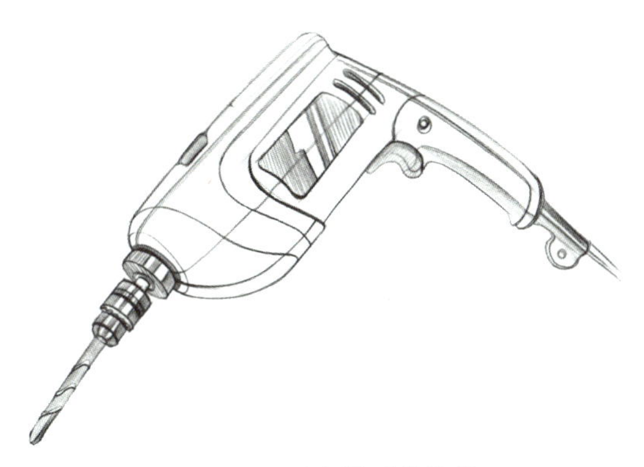

图7-31　手电钻手绘线稿

图7-32　手电钻手绘马克笔上色

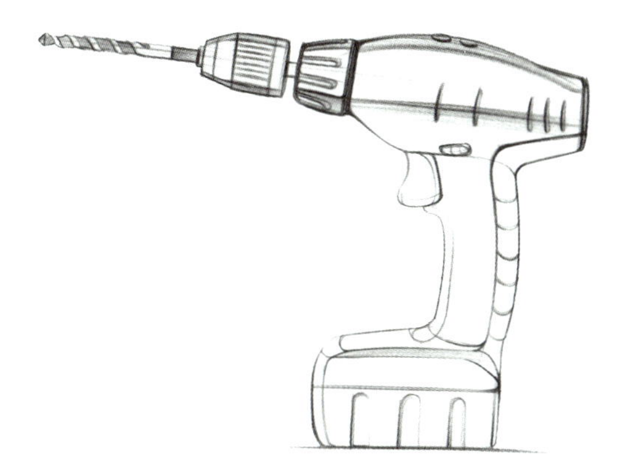

图7-33　手电钻手绘线稿

图7-34　手电钻手绘马克笔上色

创意是一个既自由又严谨的过程，在手电钻的创意手绘过程中，最不能忽略的过程便是画面的整体性，这是一个形象思维的过程，亦是一个逻辑思维的过程，如图7-35至图7-37所示。

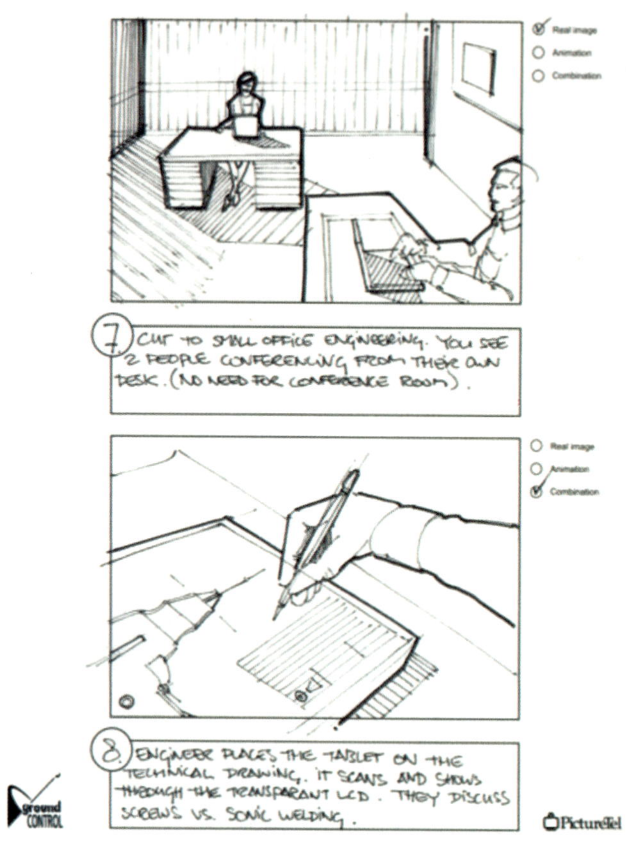

图7-35 手电钻工程制图

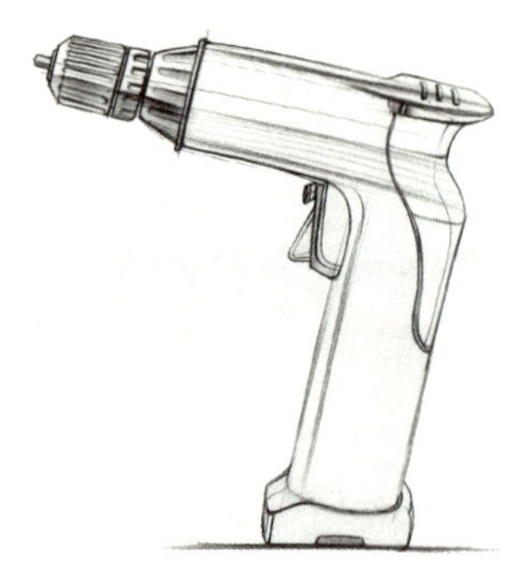

图7-36 创意手电钻手绘线稿　　图7-37 创意手电钻手绘马克笔上色

产品的创意表现，最初表现形式是线条的快速展现，到后期需要通过色彩的搭配和形体的色彩转折来表现形体之间的呼应关系，从中感受细致入微的细节刻画，如图7-38至图7-41所示。

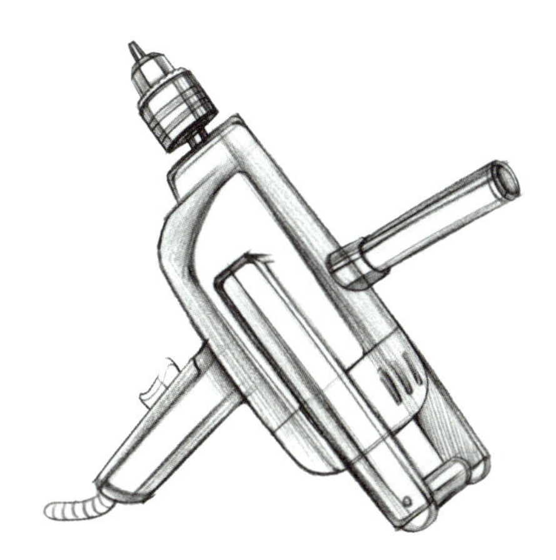

图7-38　“十字架”手电钻手绘线稿

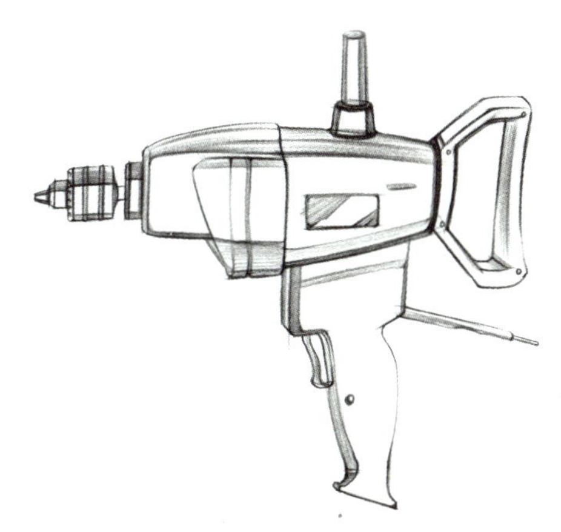

图7-39　“飞机”手电钻手绘线稿

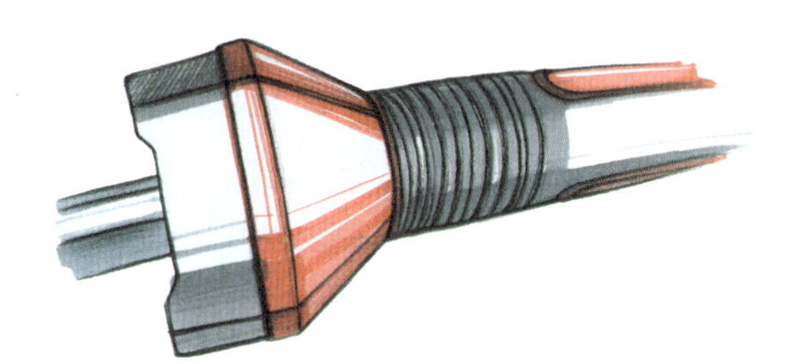

图7-40　把手手绘马克笔上色

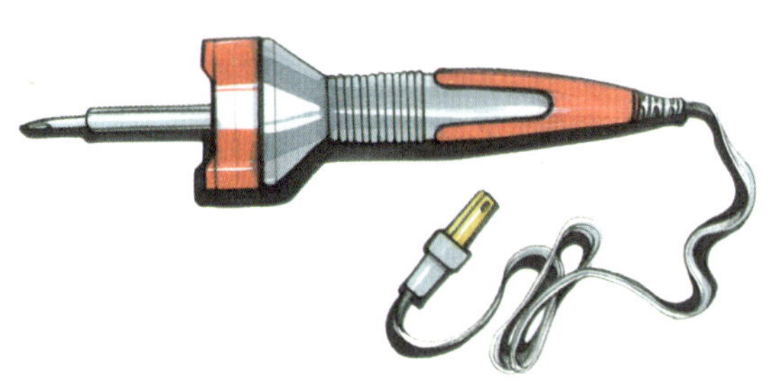

图7-41　手电钻手绘马克笔上色

第八章 概念眼镜创意设计与表达

本章主要内容是对眼镜进行多角度的分析并绘制出手绘图形。除了对产品原图的临摹和对眼镜形态的大量发想，本章还重点阐述了眼镜Photoshop二维上色的步骤和方法。

8.1 产品原图临摹

线稿图不仅能用来作内部交流，有些线稿图还能直接用来跟客户进行沟通。最初的草图都是线稿图形，上色借助Adobe Photoshop软件完成。减淡和加深工具可以快速地在物体表面绘制出大量色彩，以便突出造型的变化以及不同的曲面转折关系，如图8-1至图8-5所示。

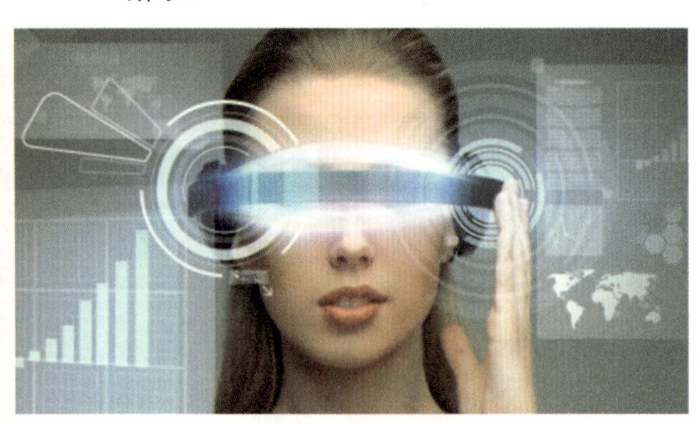

图8-1 眼镜产品原图

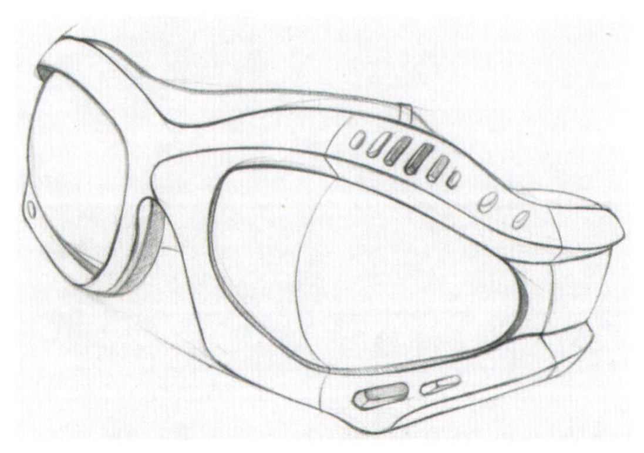

图8-2 眼镜手绘线稿（一）

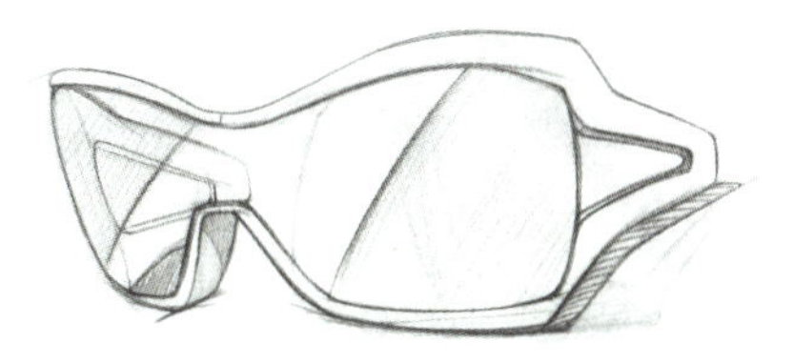
图8-3　眼镜手绘线稿（二）

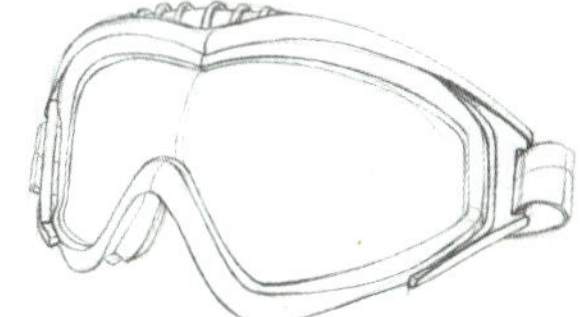
图8-4　眼镜手绘线稿（三）

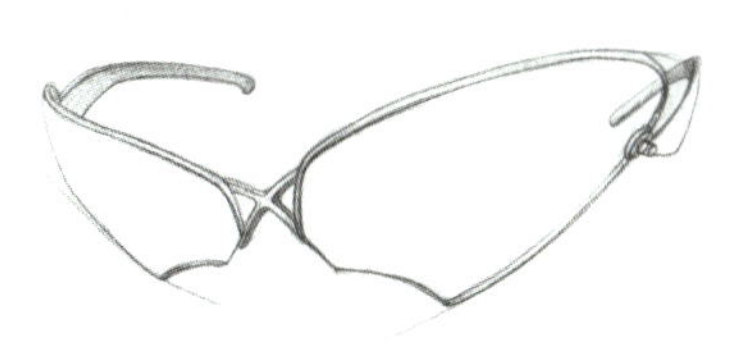
图8-5　眼镜手绘线稿（四）

在使用Adobe Photoshop软件上色前，铅笔和马克笔上色是必不可少的一个步骤，只有通过它们，才能更好地理解产品的结构线和转折面，以此更精确地将产品表达出来，如图8-6至图8-9所示。

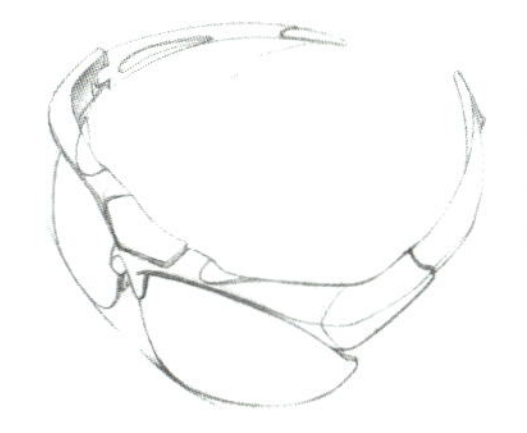
图8-6　眼镜手绘线稿

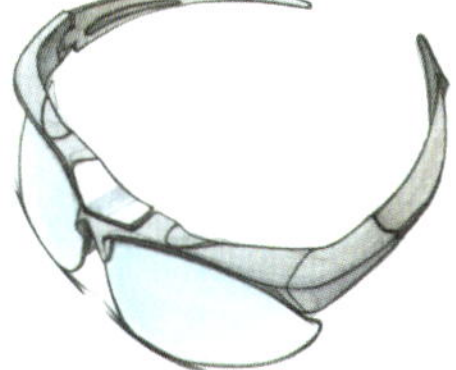
图8-7　眼镜手绘马克笔上色

图8-8　眼镜手绘线稿

图8-9　眼镜手绘马克笔上色

眼镜设计师的工作，并不只是设计实践。在特定的环境中，为所设计的眼镜找到一个合适的场所，并对设计领域重新配置，对于设计师应该是更为重要的工作，如图8-10至图8-13所示。

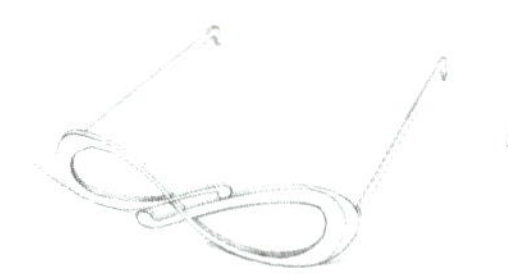
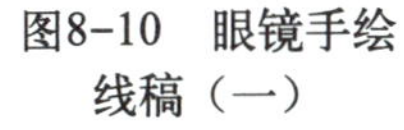
图8-10　眼镜手绘线稿（一）

图8-11　眼镜手绘线稿（二）

图8-12　眼镜手绘线稿（三）

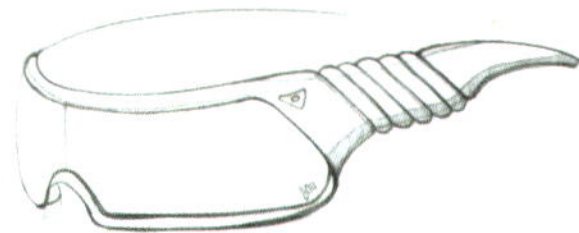
图8-13　眼镜手绘线稿（四）

临摹产品时，脑海中可能会闪现过几个画面，这时就需要我们快速地把这些画面勾画出来，后期再不断地进行推断与丰富。把握了整体的结构比例和基本的效果图之后，方可用电脑得心应手地进行表达，如图8-14至图8-16所示。

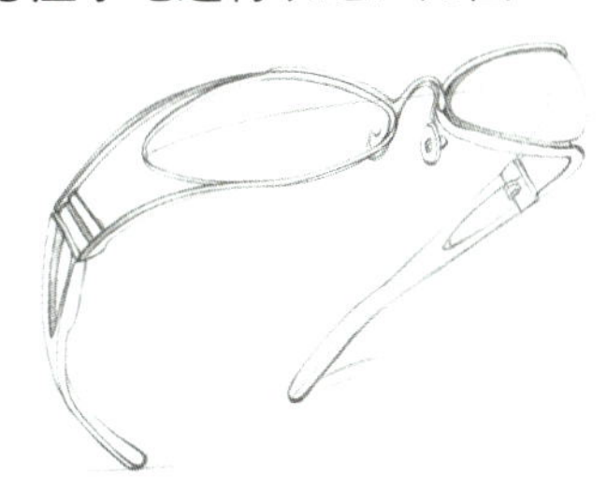
图8-14　眼镜手绘线稿

图8-15　眼镜手绘马克笔上色

图8-16　眼镜手绘线稿

曲线富有柔和感、缓和感；直线则富有坚硬感、锐利感，极具男性气概。在自然界中，形态基本是由这两者组合而成的。当曲线或直线强调某种形状时，我们便对这种形状有了深刻的印象，同时也产生相对应的情感，如图8-17、图8-18所示。

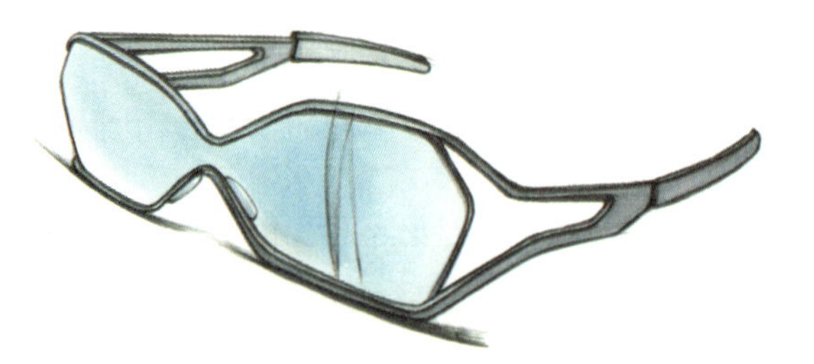

图8-17　眼镜手绘马克笔上色

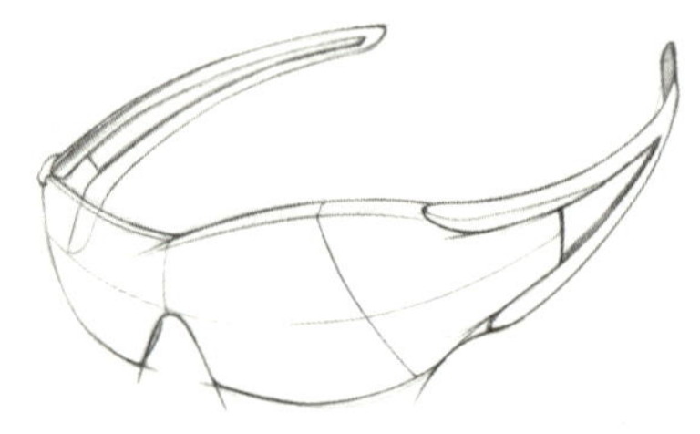

图8-18　眼镜手绘线稿

通过对产品明暗面的分析，把握住整体的光线角度。产品表达的步骤为先用线稿将产品表达出来，将产品造型分解并简化，再用色稿来体现产品丰富的明暗面，表现其造型的空间感，最后还需对物体色调的变化进行调整，如图8-19至图8-21所示。

图8-19　眼镜手绘Photoshop上色

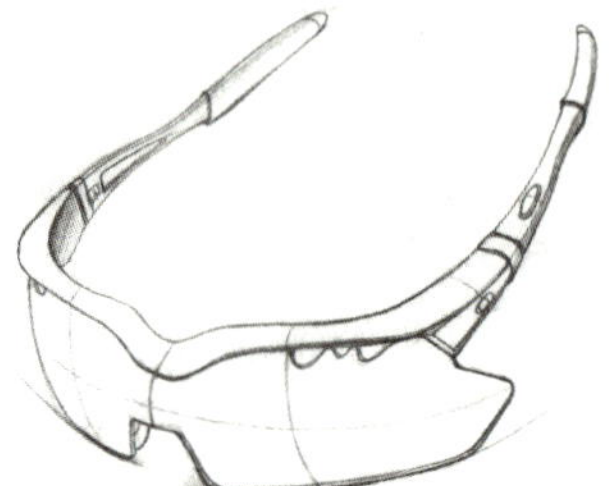

图8-20　眼镜手绘线稿

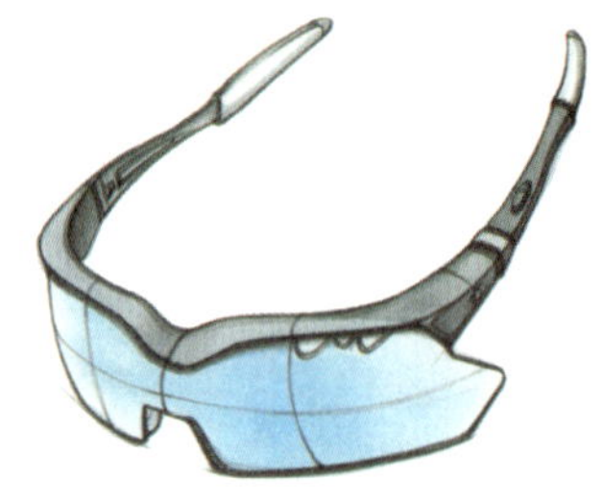

图8-21　眼镜手绘马克笔上色

产品形态由产品的“形”+“态”构成，单线画出的是产品的“形”，马克笔上色画出的是产品的“态”，这个“态”可以理解为给产品穿上了一件合适的、精致的、得体的衣裳。因此，产品设计表达关键在于产品“形”的绘制，如果绘制出的产品的“形”很有视觉冲击力，那上色后表现出的产品的“态”才会魅力十足，如图8-22至图8-25所示。

图8-22　眼镜手绘Photoshop上色

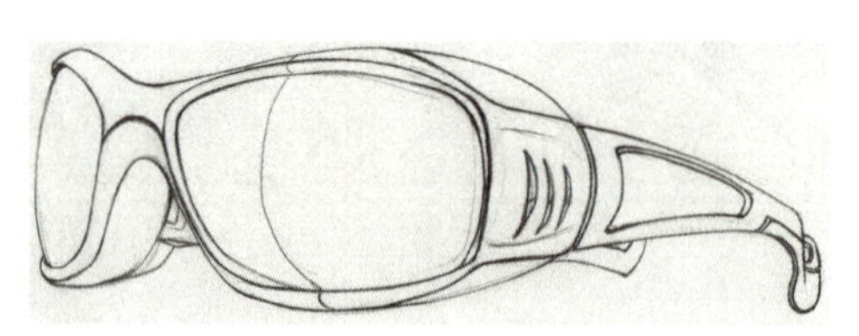

图8-23　眼镜手绘线稿

图8-24　眼镜手绘Photoshop上色

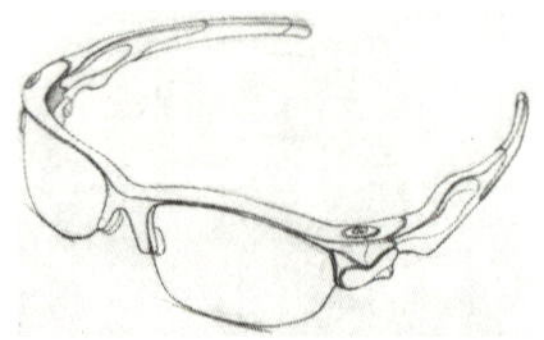

图8-25　眼镜手绘线稿

8.2 细节刻画

从线稿、色稿到Adobe Photoshop上色是一个探索的过程。对形、面、体的综合掌握体现在设计师时刻牢记脑海中想要表达出来的产品模样，将它与现有的产品进行比较，使手绘的整体效果在不断修改中逐渐完善，如图8-26至图8-28所示。

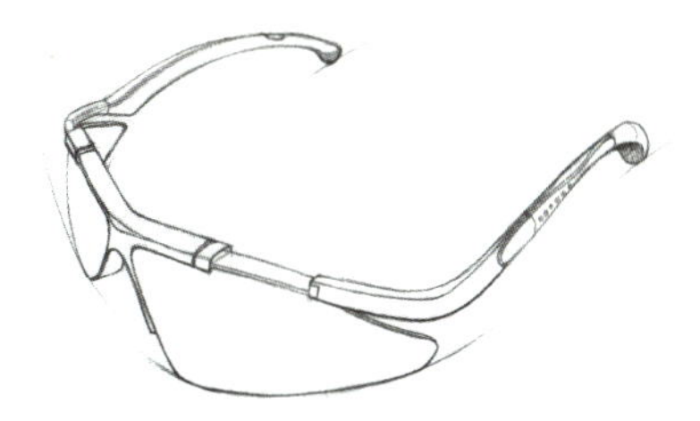

图8-26　眼镜手绘细节图

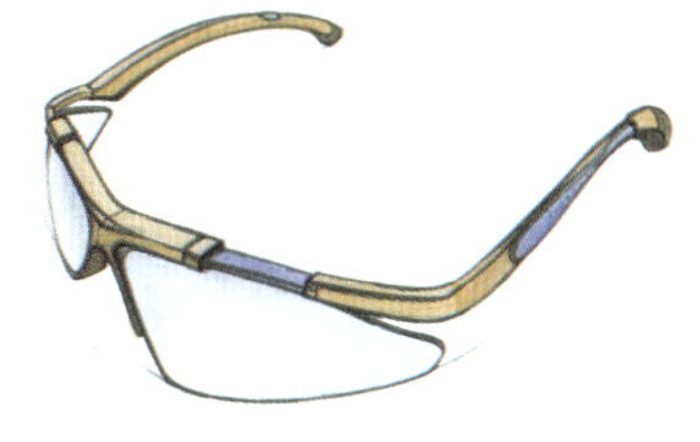

图8-27　眼镜手绘细节马克笔上色

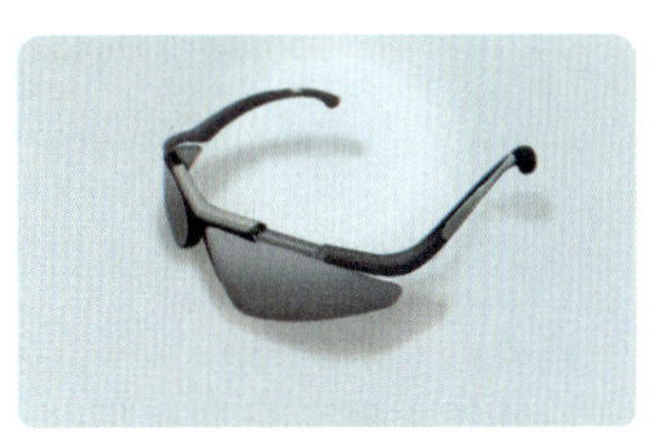

图8-28　眼镜Photoshop上色

眼镜的使用场所也是多样的，特别是夏天的户外，许多运动员都会采用运动镜来保护眼睛，以减轻外部对眼睛的伤害。户外运动眼镜的材质和色彩也比较丰富，在绘制产品时可以将产品结构线的转化用铅笔的粗细、深浅线条描绘，眼镜各个面之间的关系用色彩的变化来传递，如图8-29至图8-31所示。

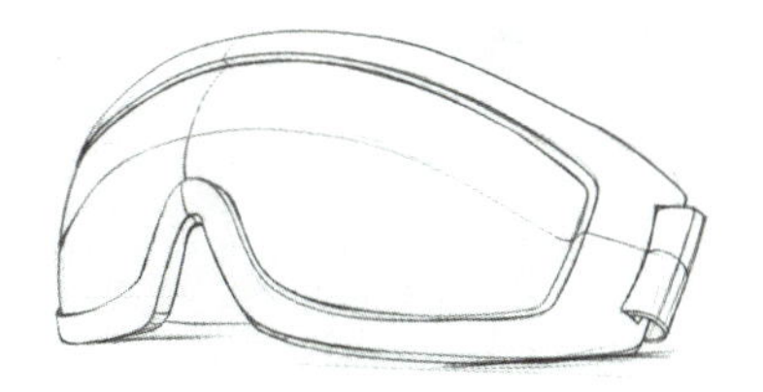

图8-29　眼镜手绘细节图

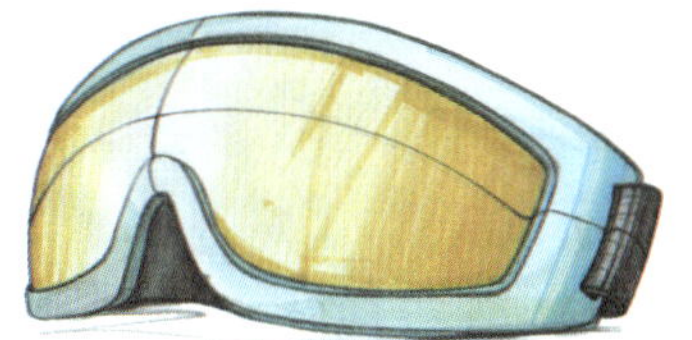

图8-30　眼镜手绘细节马克笔上色

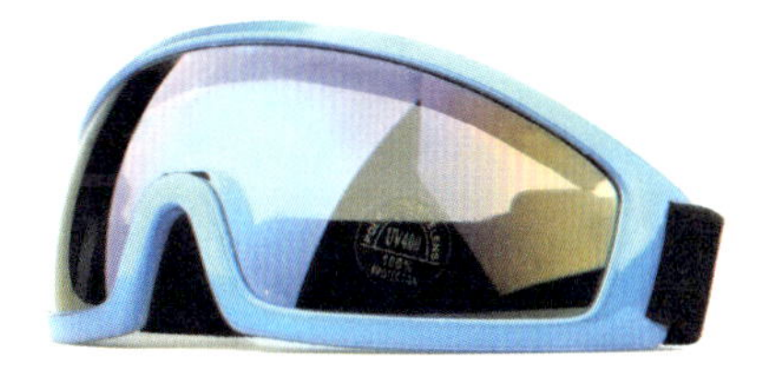

图8-31　眼镜Photoshop上色

使用Photoshop对线稿进行上色表达时，首先，要分析这些复杂造型的外轮廓、大体形态、曲面的形态及结构，注意这些造型的基本特征。其次，要确定好光源方向，再开始铺设与造型贴合的明暗效果。再次，处理丰富、整体的亮面部分的色彩，包括细节的处理、明暗关系的对比和反光部位的色彩，如图8-32至图8-36所示。

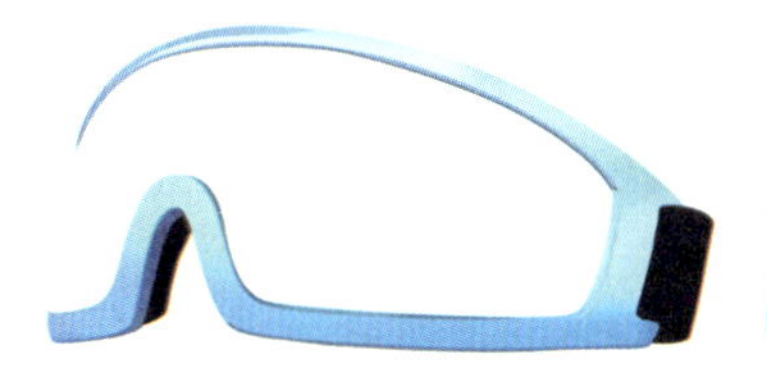

图8-32　镜框细节Photoshop上色

图8-33　镜片细节Photoshop上色（一）

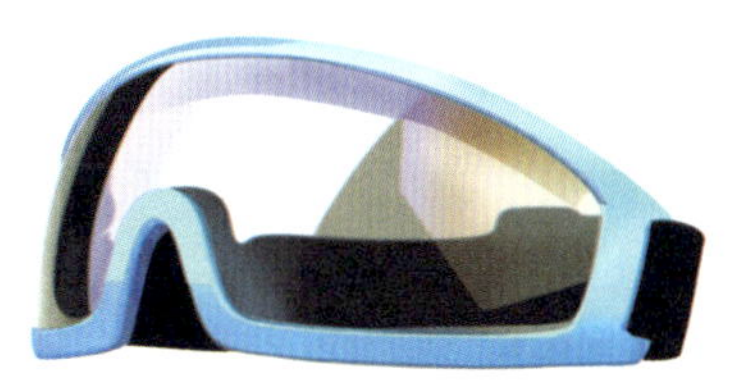

图8-34　镜片细节Photoshop上色（二）

图8-35 眼镜Photoshop上色

图8-36 眼镜的背景效果图

铅笔绘制的设计草图扫描之后需使用Adobe Photoshop软件着色，以便更好地表现设计创意和理念。有一些设计创意还会被画得更加生动，用来加强表现效果。夸张的造型以及线条是表现设计基本理念非常有趣的方式。还要注意高光的运用，高光能有效地加强产品的立体感和吸引力，如图8-37、图8-38所示。

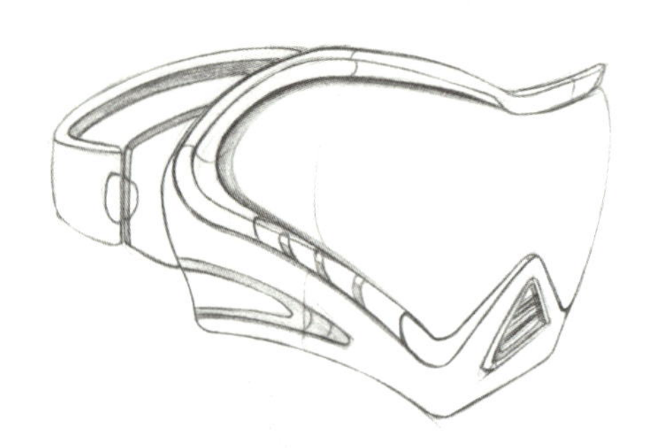
图8-37 眼镜手绘线稿

图8-38 眼镜Photoshop上色

如图8-39至图8-41所示的产品，该产品汲取了运动元素，寓意为在青春的跑道上，享受酣畅淋漓的运动快感，为张扬的青春带来非凡的动能。

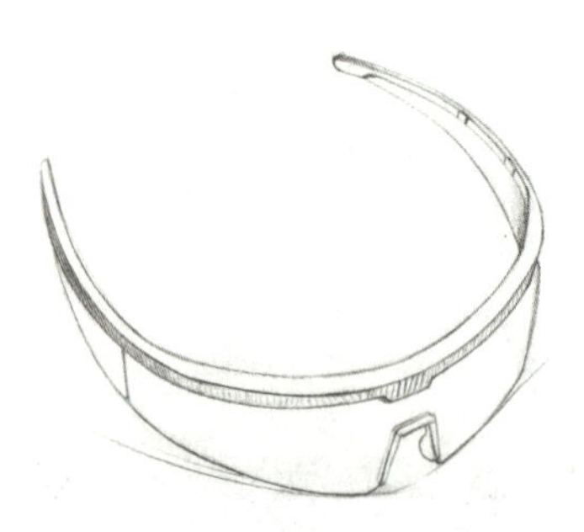
图8-39 眼镜手绘线稿

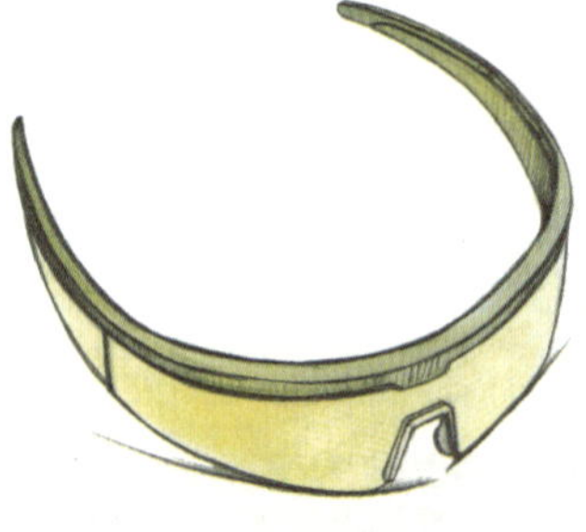
图8-40 眼镜手绘马克笔上色

图8-41 眼镜Photoshop上色

8.3 创意发想

图8-42　眼镜效果表达

通过绘制草图对产品形态的创意、视觉的判断、产品结构的认知等有了深入的了解，再使用Adobe Photoshop软件将产品更新，使其表达出更具有视觉冲击力的效果，如图8-42所示。

偏蓝色玻璃质感的梯形艺术眼镜，给人很另类的感觉。玻璃质感给人一种生活品质上的享受，是现代与时尚气息的结合，如图8-43、图8-44所示。

独特的镜框设计，看上去像是20世纪80年代低分辨率显示器显示的图片，黄色的镜腿给人一种温暖且温馨的感觉，前后造型、色彩、材质的强烈对比，给人很强的视觉冲击力，如图8-45至图8-47所示。

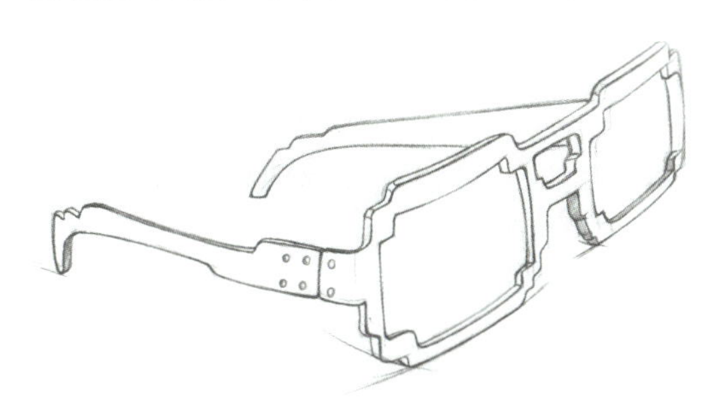
图8-43　梯形艺术眼镜

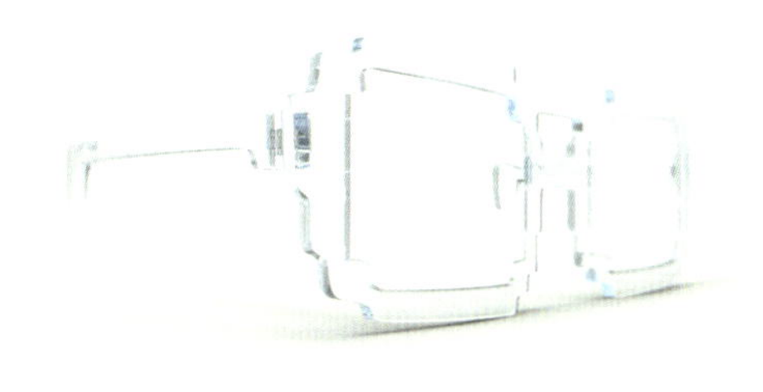
图8-44　梯形艺术眼镜

图8-45　梯形艺术眼镜

图8-46　梯形艺术眼镜3D效果图

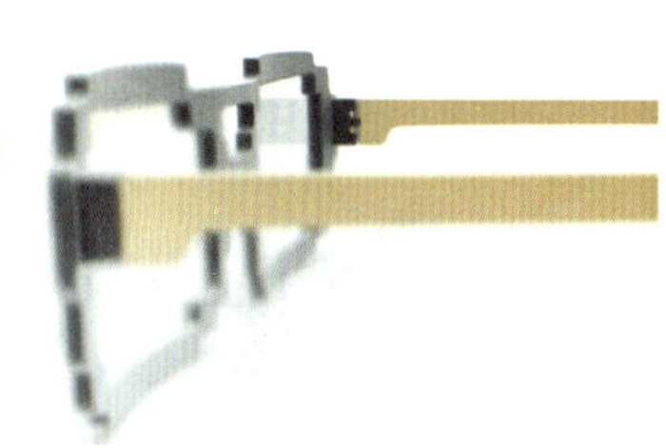
图8-47　梯形艺术眼镜场景渲染

同一元素不同的设计方向，演绎出不同的设计风格，世间万物，都是我们设计的源泉。用心体会生活，感受大自然带给人们的一切，比如模仿燕子的造型，就能给眼镜设计带来新的构思，如图8-48至图8-53所示。

图8-48 燕子的造型

图8-49 眼镜形态探索

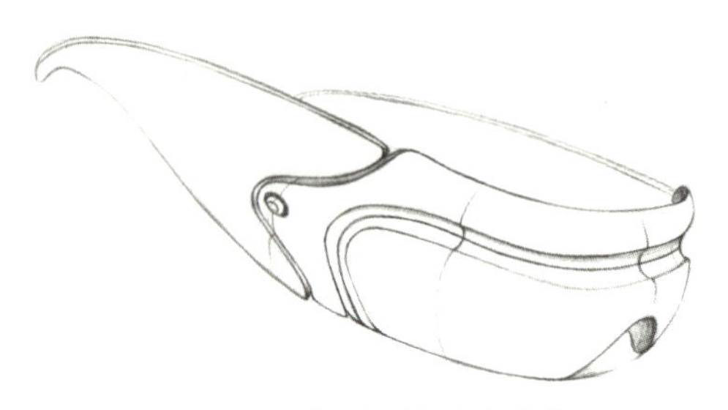

图8-50 燕形眼镜手绘线稿

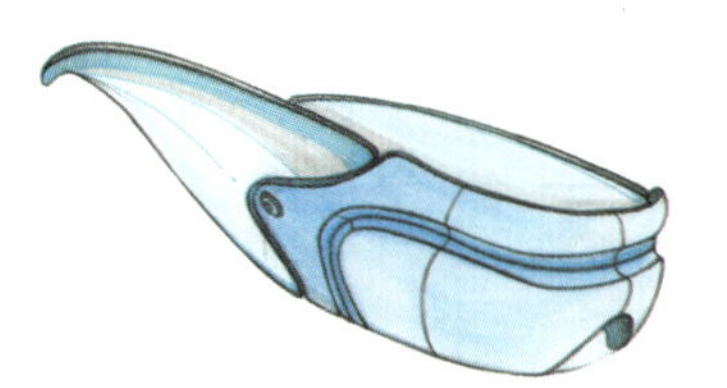

图8-51 燕形眼镜手绘马克笔上色

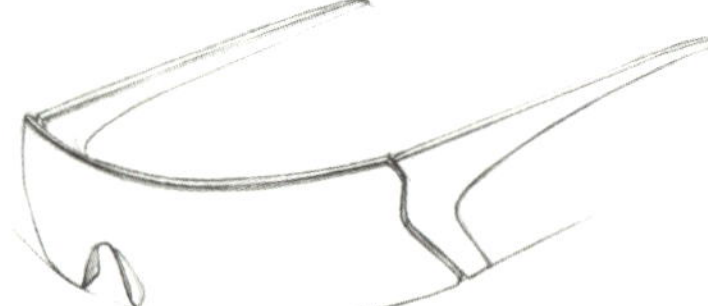

图8-52 燕形眼镜手绘线稿

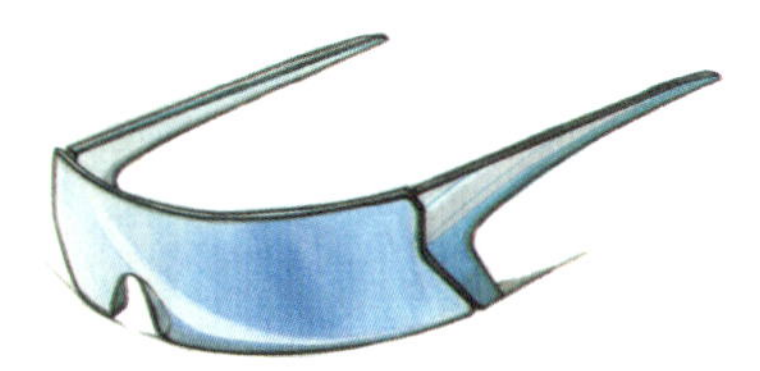

图8-53 燕形眼镜手绘马克笔上色

产品的设计表达离不开对产品形体的理解。对产品造型理解得越透彻，越有助于表现该产品。即便是从无到有的设计，也要思考清楚各种形体曲面的细节。图8-54至图8-56所示的眼镜运用流线造型，以及非常创新的连接式镜框，起伏的线条，使产品做到功能与流行兼备。在勾勒出科技感的同时，也为产品带来活力四射的新鲜感。

图8-54 眼镜手绘Photoshop上色

图8-55 眼镜手绘线稿

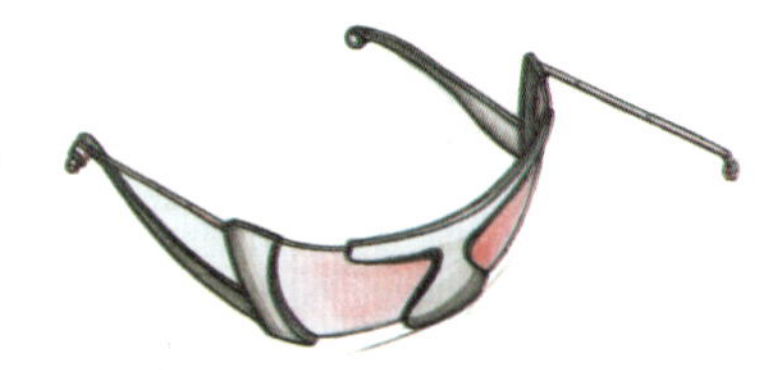

图8-56 眼镜手绘马克笔上色

第九章　吸尘器创意设计与表达

本章主要通过对家用吸尘器的分析，绘制出吸尘器的手绘图形，并分别展示了产品原图的临摹、产品细节图形的表达、马克笔上色图形以及吸尘器的创意手绘图形。

9.1　产品原图临摹

因考虑吸尘器外轮廓的流畅性，结构的完整性，在绘制吸尘器时，要保持线条的干爽流畅性，尽量不要让线条中断。不过在绘画后期，强调结构之间的透视、插接、包裹等问题时，要注意将细节表达清楚，如图9-1至图9-6所示。

图9-1　吸尘器产品原图

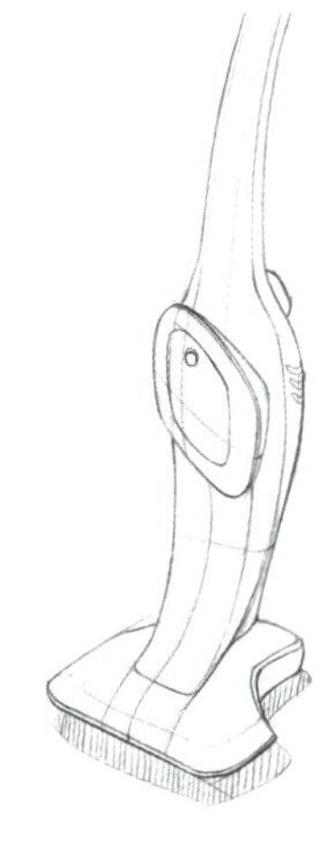

图9-2　吸尘器手绘线稿（一）

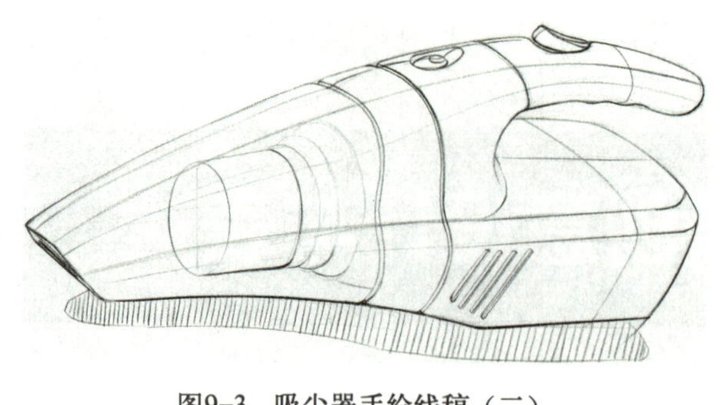

图9-3　吸尘器手绘线稿（二）

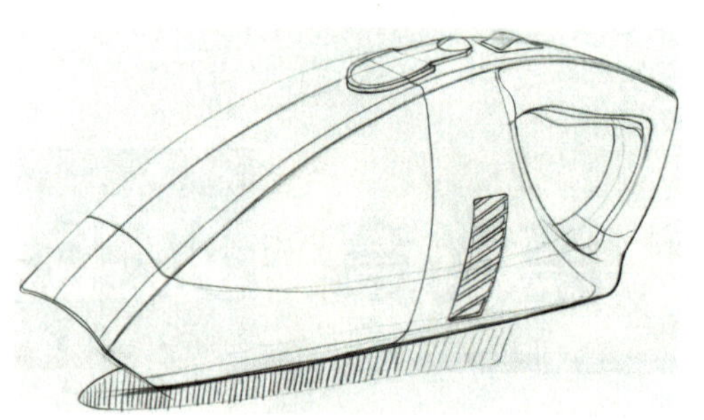

图9-4　吸尘器手绘线稿（三）

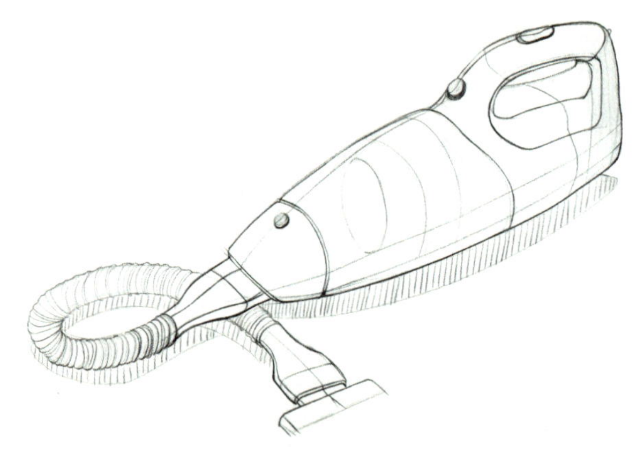

图9-5　吸尘器手绘线稿（四）

图9-6　吸尘器手绘线稿（五）

9.2 细节刻画

产品结构细节的刻画，往往比整体的描摹更为重要。放大化的细节会告诉我们产品的具体操作及使用方式，使我们能更清晰地了解产品，如图9-7至图9-13所示。

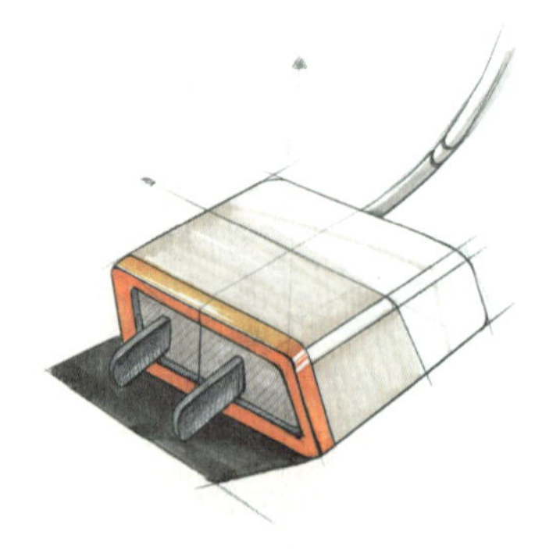

图9-7　插头手绘马克笔上色

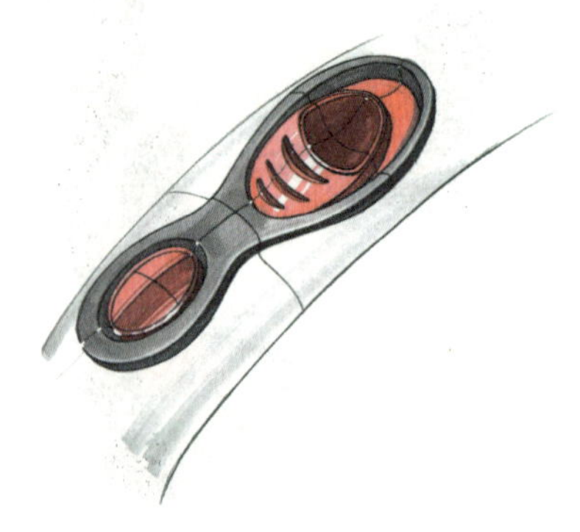

图9-8　开关手绘马克笔上色

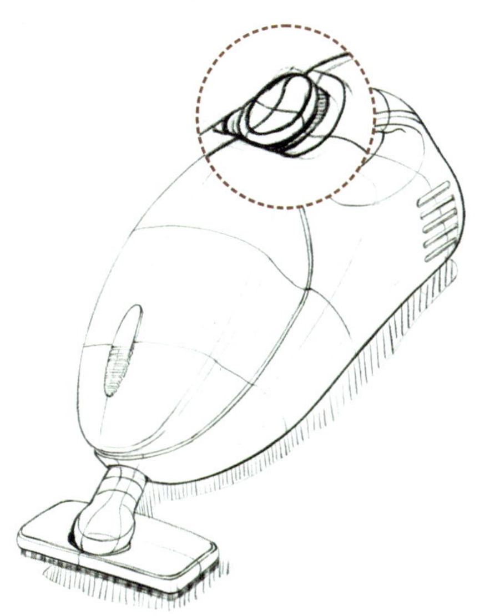

图9-9　开关手绘线稿

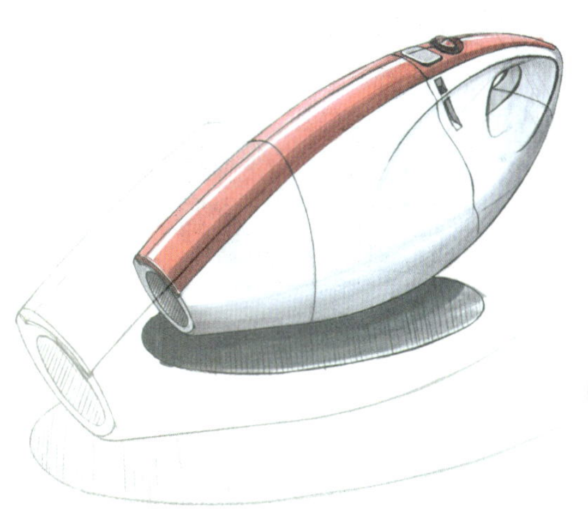

图9-10　吸尘器手绘马克笔上色（一）

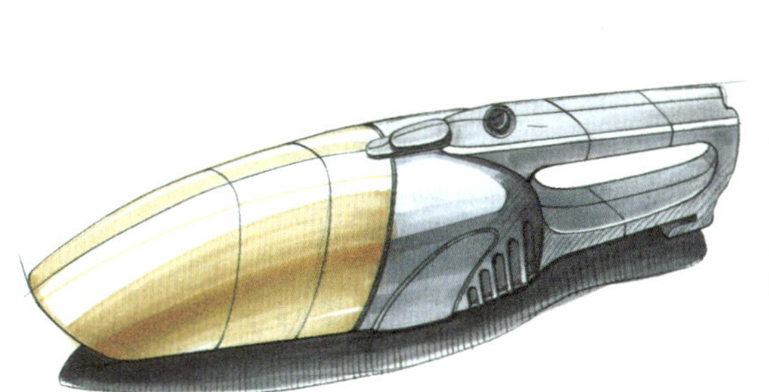

图9-11　吸尘器手绘马克笔上色（二）

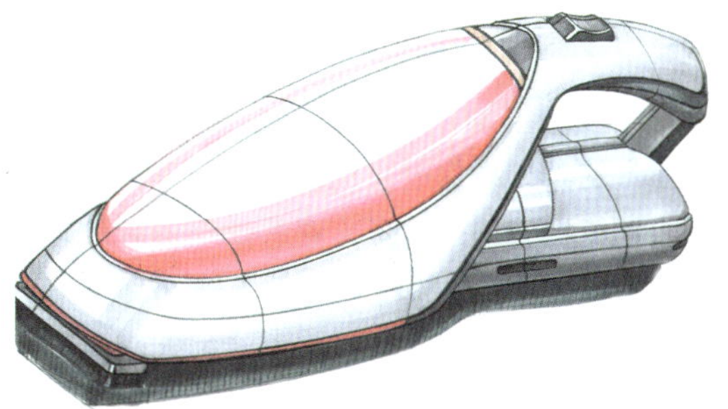

图9-12　吸尘器手绘马克笔上色（三）

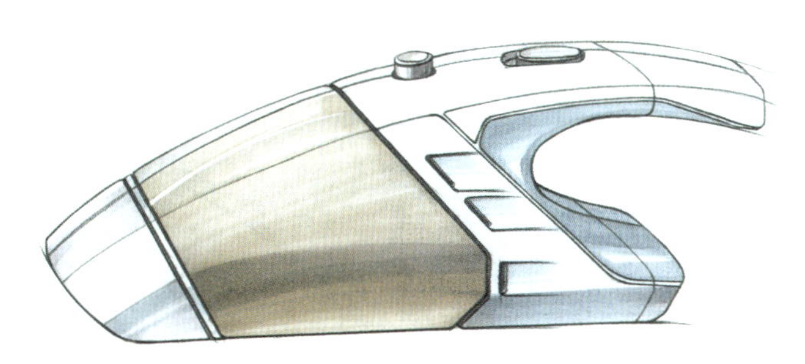

图9-13　吸尘器手绘马克笔上色（四）

清水吉治教授是日本工业设计师、工业设计教育学者、马克笔手绘大师。清水吉治教授一直被国内外工业设计界公认为工业设计表现的权威，他的作品更是国内外高校工业设计专业学生临摹的范本。他的技艺非常精湛，即使努力模仿这位大师的作品，都无法绘出像他那样优秀的作品，如图9-14、图9-15所示。

图9-14 主箱体手绘马克笔上色

图9-15 主箱体手绘马克笔上色

9.3 创意发想

生命的消逝，本来就不会带走一粒尘埃。所以，一个人所拥有的一切，其实都是用来“舍”的。如果你说我拥有整个世界，我想，我是拥有着整个世界，因为它在我心中；如果你说我不能拥有整个世界，那么这个世界就不是我的，因为，我最终都不会带走这世上的一草一木。吸尘器就有着这样的人生哲学。

吸尘器会因不同的场景在造型和功能上稍有不同，如车用、家用、工厂使用等，如图9-16至图9-19所示。

创作图9-20、图9-21所示的吸尘器时，产品上有众多密集的通风孔，对于诸如此类的“孔”或“点”的绘画，一定要注意依照产品结构的顺直关系，要随着产品本身面的弯曲或起伏有所变化，并符合近大远小、近实远虚的透视关系。

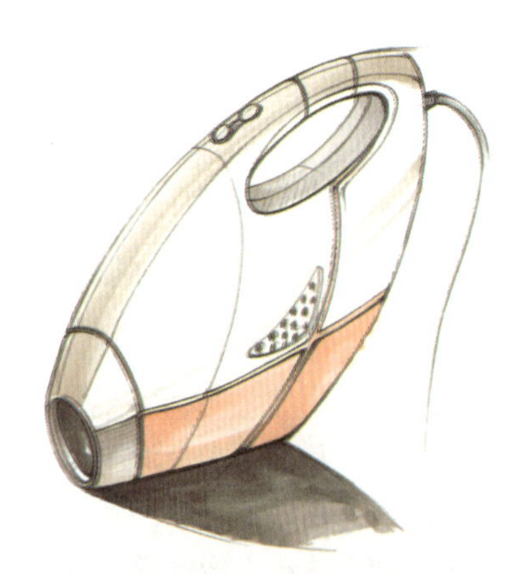

图9-16 车用吸尘器手绘马克笔上色

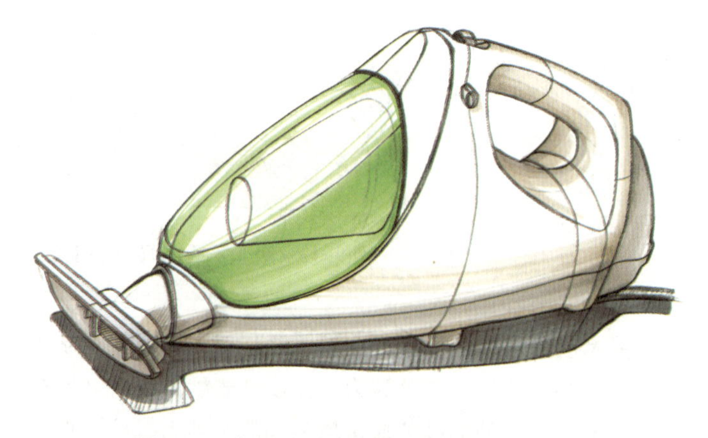

图9-17 家用吸尘器手绘马克笔上色（一）

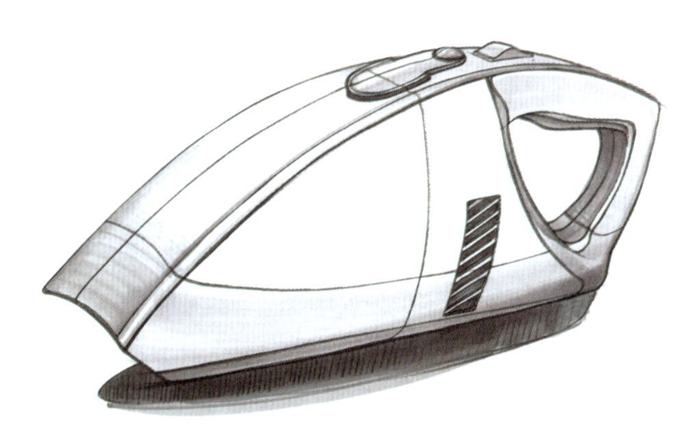

图9-18　家用吸尘器手绘马克笔上色（二）

图9-19　工厂用吸尘器手绘马克笔上色

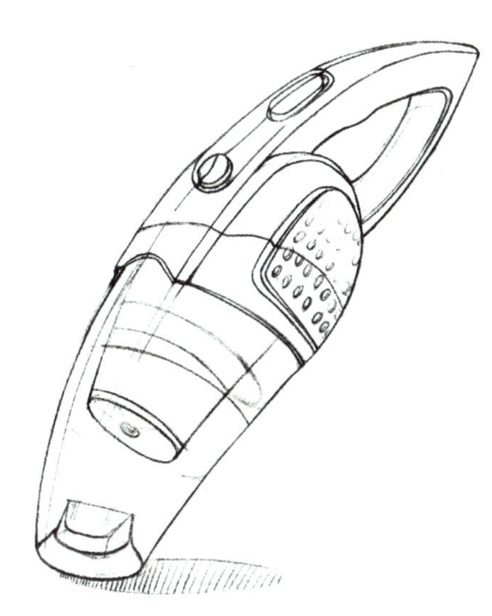

图9-20　吸尘器结构手绘线稿

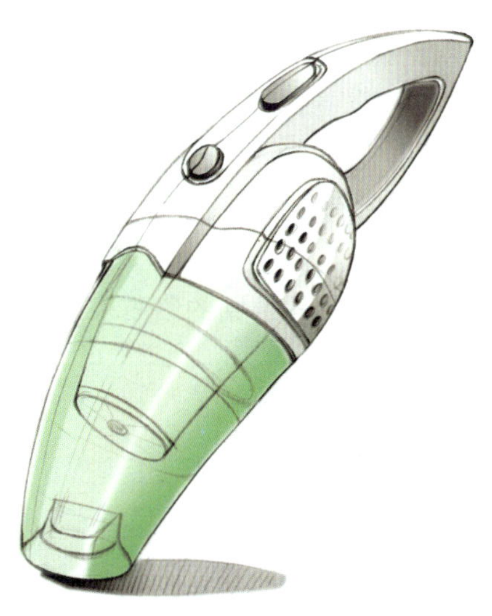

图9-21　吸尘器结构手绘马克笔上色

第十章 汽车钥匙创意设计与表达

从不同角度看设计，许多人固执地相信真理只有一个，其实对于设计，每个人都有不同的诠释，就像每个人都有着独一无二的指纹一样，我们都要站在另一个角度、另一个立场去看待设计。

本章除了对汽车钥匙原图的临摹表达之外，主要讲解汽车钥匙3D实体数据模型渲染的方法。

10.1 产品原图临摹

设计是从什么时候开始的？也许有人说设计是从草图开始的，也有人认为设计是从一个想法开始的。其实，从拿起笔开始画的那一秒就是设计的开始，如图10-1至图10-12所示。

图10-1 汽车钥匙产品原图

图10-2 汽车钥匙手绘线稿

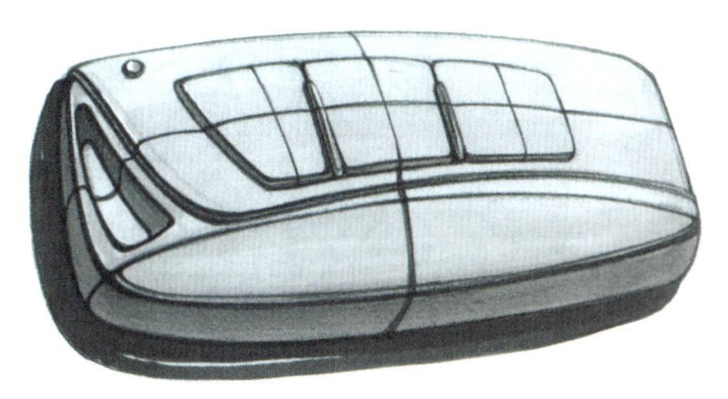

图10-3　汽车钥匙手绘马克笔上色

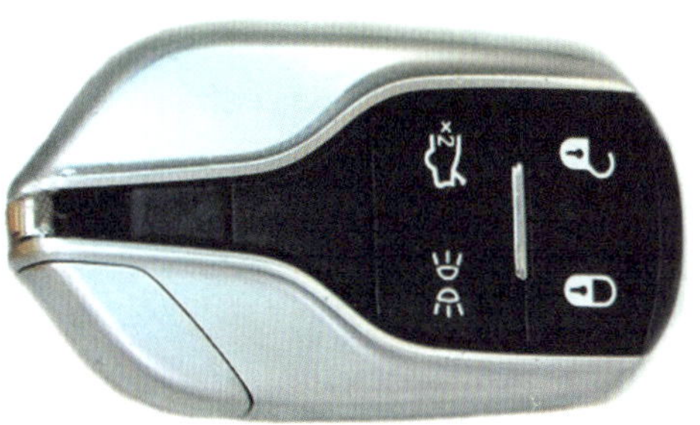

图10-4　汽车钥匙产品原图

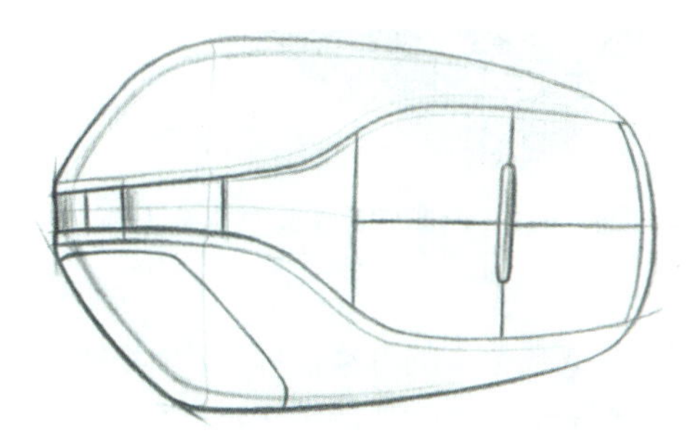

图10-5　汽车钥匙手绘线稿

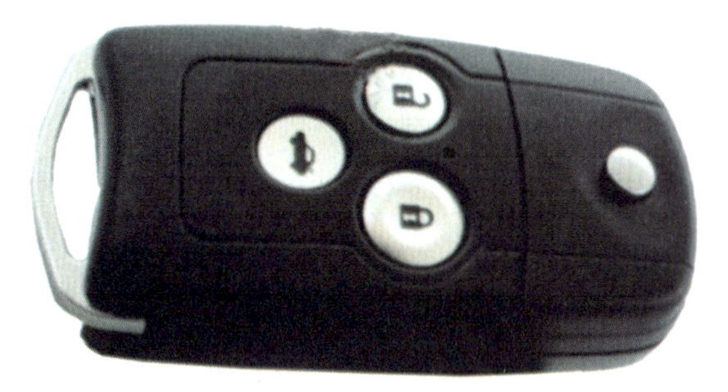

图10-6　汽车钥匙产品原图

图10-7　汽车钥匙手绘线稿

图10-8　汽车钥匙产品原图

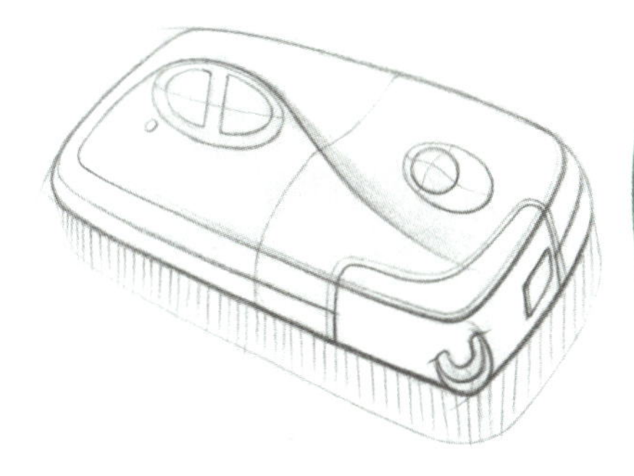

图10-9　汽车钥匙手绘线稿

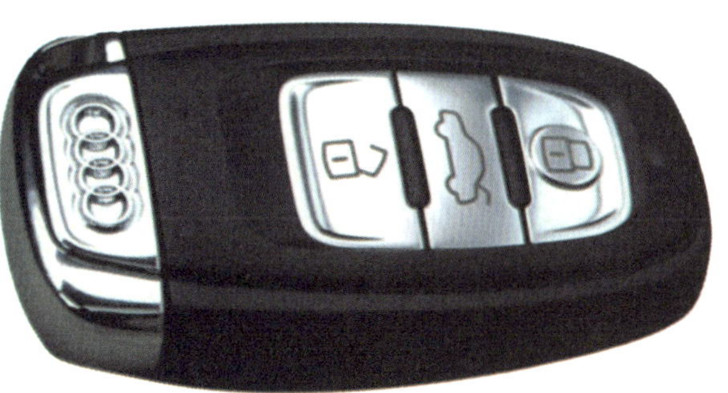

图10-10　汽车钥匙产品原图

图10-11 汽车钥匙手绘线稿

图10-12 汽车钥匙手绘马克笔上色

塑造汽车钥匙的形体时，可以把一个完整的形体分解成数个小的形体，并对小的形体进行深入的表现，使画面更具有层次感，如图10-13至图10-15所示。

图10-13 汽车钥匙产品原图

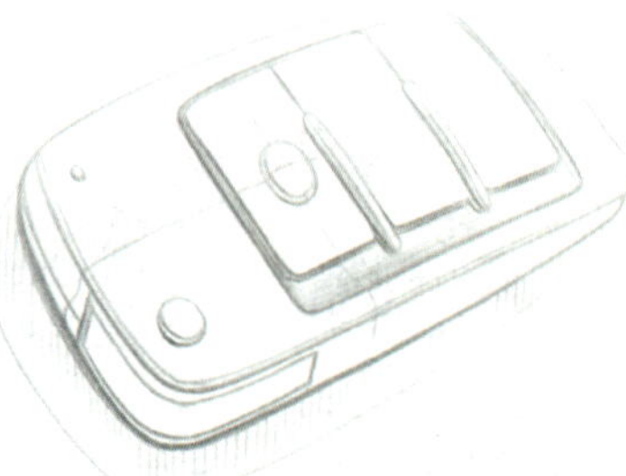

图10-14 汽车钥匙手绘线稿

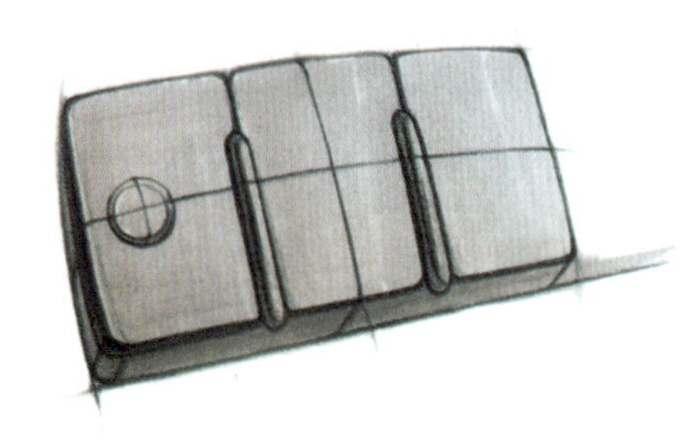

图10-15 汽车钥匙手绘马克笔上色

10.2 细节刻画

绘制产品造型时，会常常遇到绘画的效果很空，无法形成真实效果的情况，这都是产品缺乏细节刻画所致。再简单的形体也是有它的细节表现。设计师对产品造型理解得透彻，表现产品的细节时就显得游刃有余。

当我们有好想法的时候，由于对将要设计的产品缺乏了解和研究，在进行下一步设计的时候，就会不知所措，这时候需要对产品进行系统分析，从而理清头绪，如图10-16、图10-17所示。

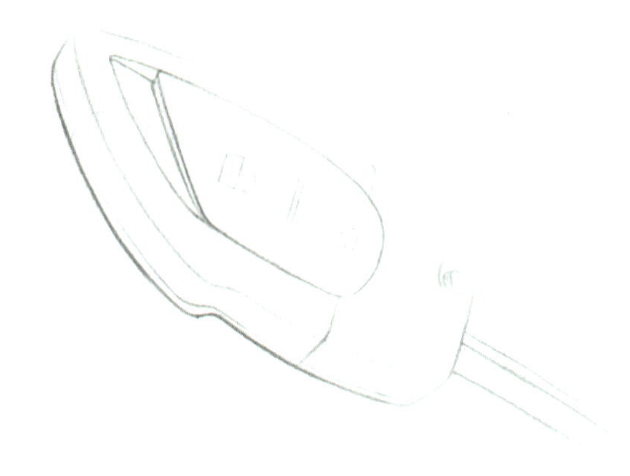

图10-16　汽车钥匙手绘细节图

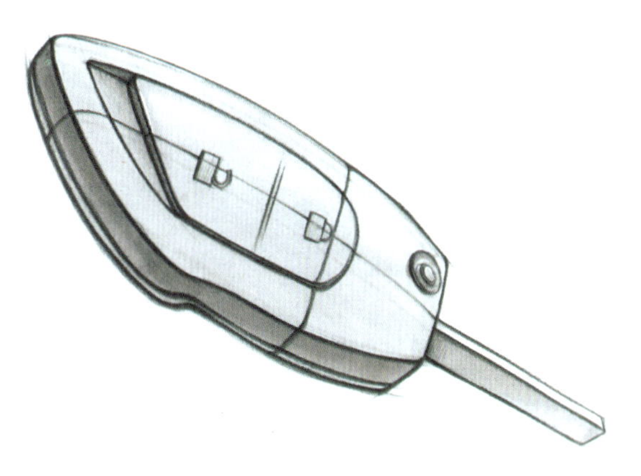

图10-17　汽车钥匙手绘细节马克笔上色

细节刻画中，任何一根线条都不单只是存在于一张纸上，而是存在于它所要表现的三维产品中，这样不管从哪个角度看这条线都是真实存在的，如图10-18至图10-21所示。

图10-18　汽车钥匙手绘线稿

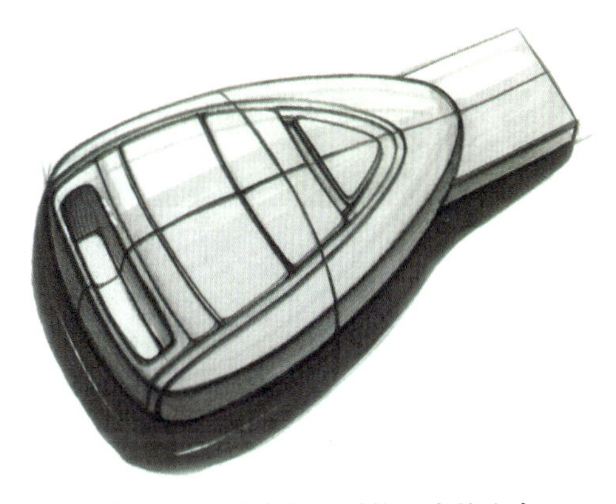

图10-19　汽车钥匙手绘马克笔上色

图10-20　汽车钥匙产品原图

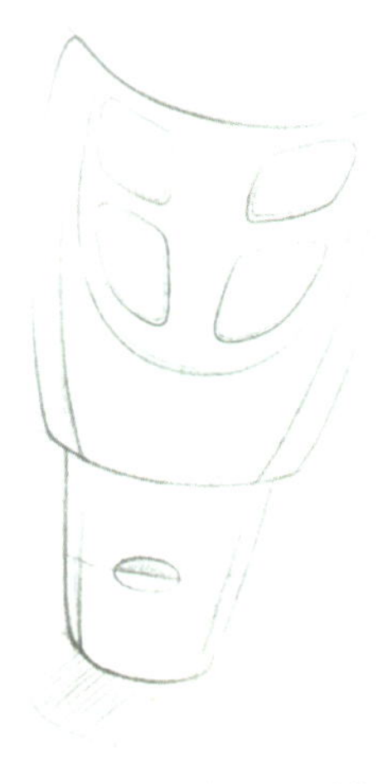

图10-21　汽车钥匙手绘线稿

产品设计中，表现产品表面的纹理和质感也很重要，不同的质感会让人联想到不同的情景，引发不同的情感表现，如图10-22、图10-23所示。

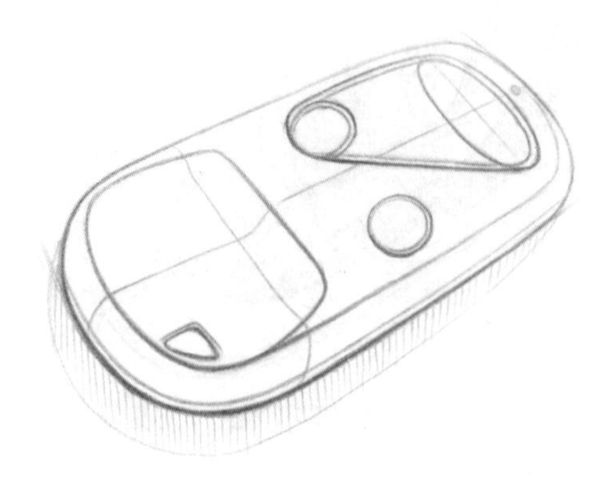

图10-22　汽车钥匙手绘线稿

图10-23　汽车钥匙手绘材质表达

临摹产品时，通过还原使用产品时的场景，能让设计师发现新的设计点，如图10-24至图10-26所示。

图10-24　钥匙使用场景

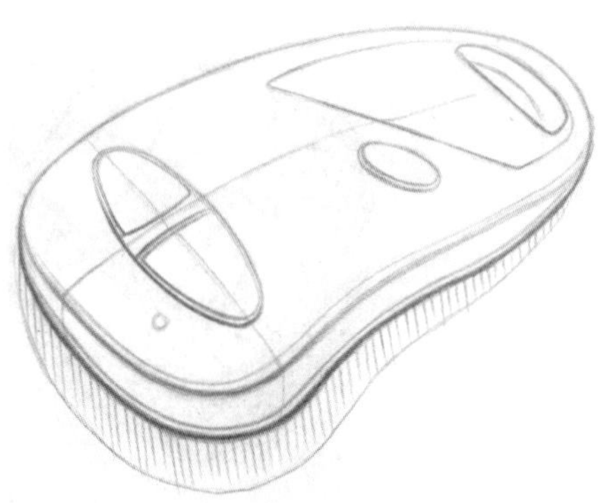

图10-25　汽车钥匙手绘线稿

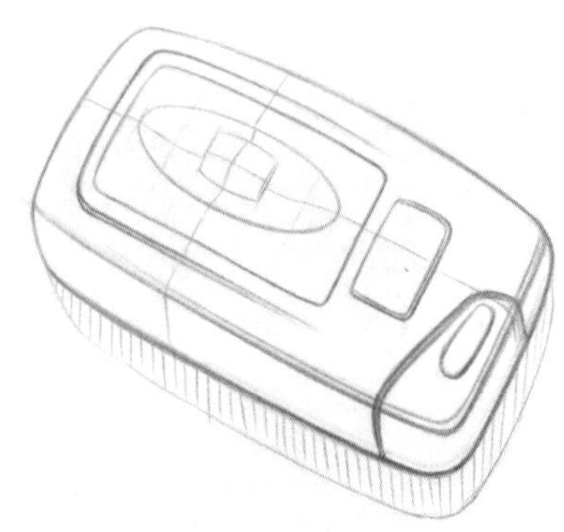

图10-26　汽车钥匙手绘线稿

汽车钥匙的造型有很多种风格，但不管多复杂的造型都是由一个个简单的曲面或形体组成的，把它们细分成单个形体，再去分析它们的造型，创作钥匙造型就变得容易了，如图10-27至图10-32所示。

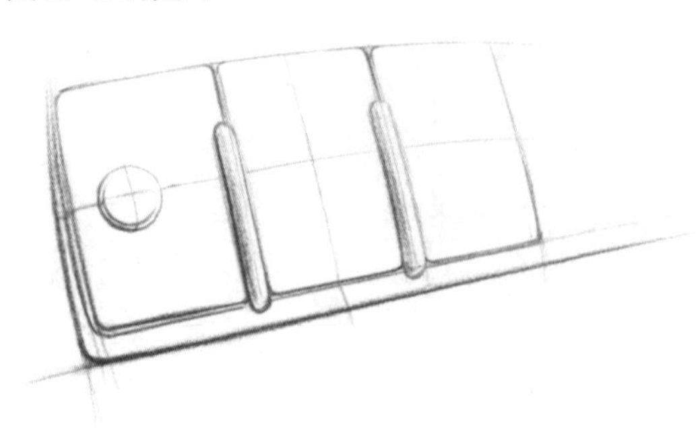

图10-27　汽车钥匙形体手绘线稿

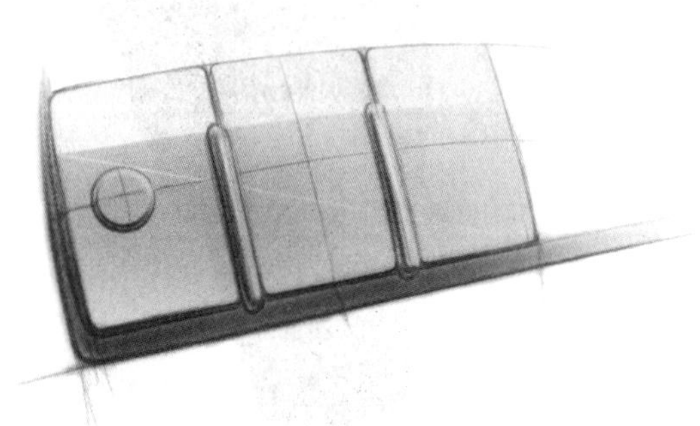

图10-28　汽车钥匙形体手绘马克笔上色

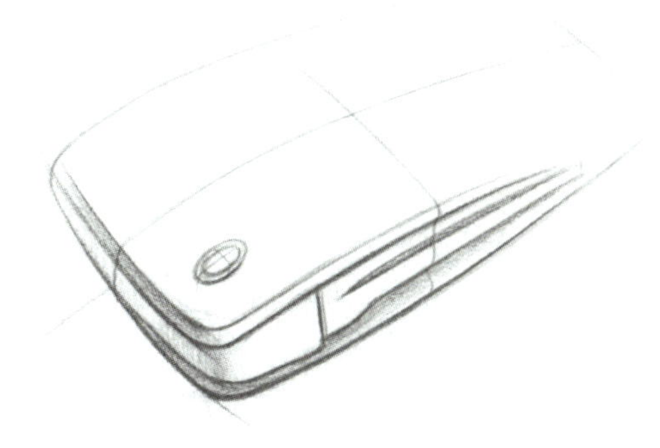

图10-29　汽车钥匙形体手绘线稿

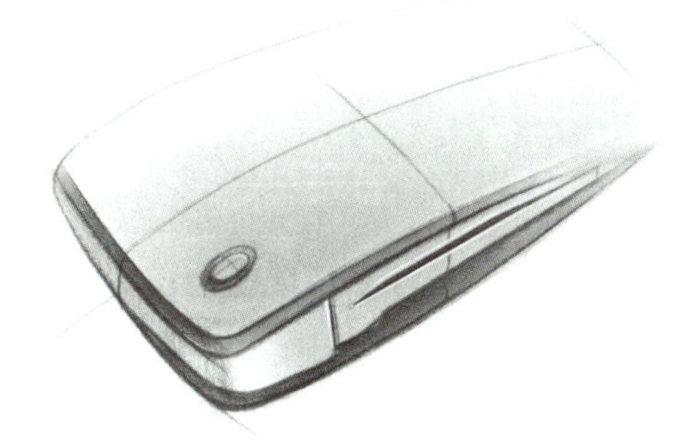

图10-30　汽车钥匙形体手绘马克笔上色

图10-31　汽车钥匙手绘线稿

图10-32　汽车钥匙手绘马克笔上色

10.3 创意发想

每个产品都应该具有其独特性，而不是单一的形体，这些个性化的元素就是产品本身所具有的亮点，如图10-33、图10-34所示。

临摹完汽车钥匙之后，可以对现有的汽车钥匙形成一个详细的认知，现有的汽车钥匙在设计上基于汽车品牌的不同，有着不同的造型。这些造型与汽车有着很大的关联。

图10-33　形态探索

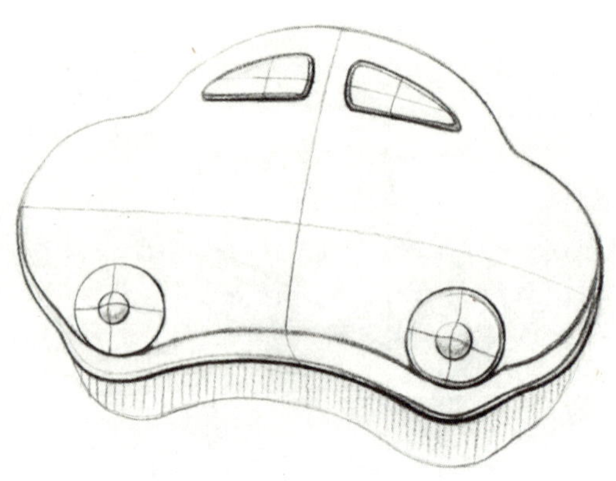

图10-34　汽车形状钥匙手绘线稿

设计师创作过程中可以加入更多的主观因素，避免被常规的因素束缚，从而让自己的想法能尽情地在纸上表现，然后从中择优选择，如图10-35至图10-40所示。

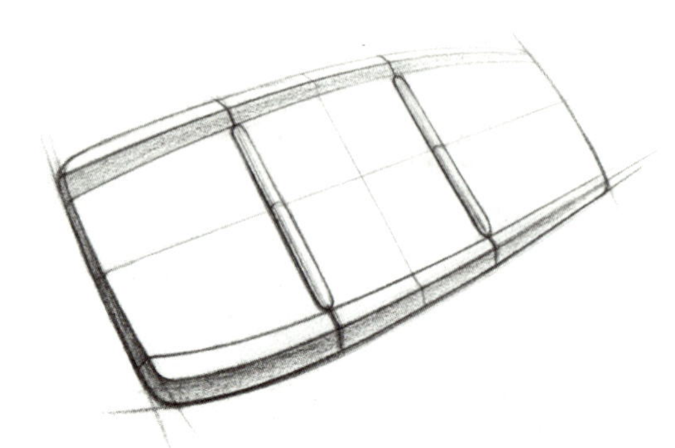

图10-35　汽车钥匙结构手绘线稿

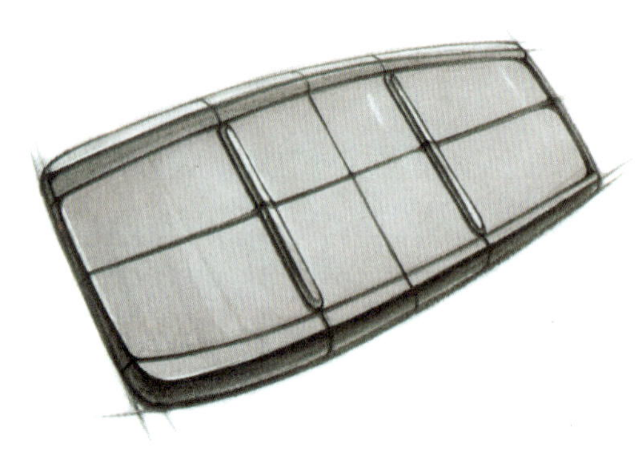

图10-36　汽车钥匙结构手绘马克笔上色

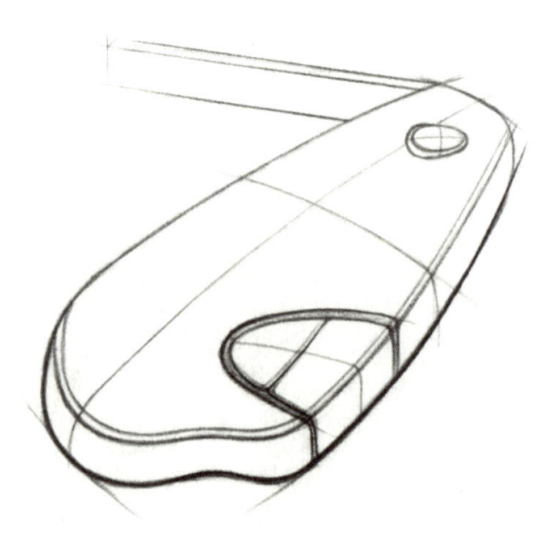

图10-37　云形钥匙手绘线稿

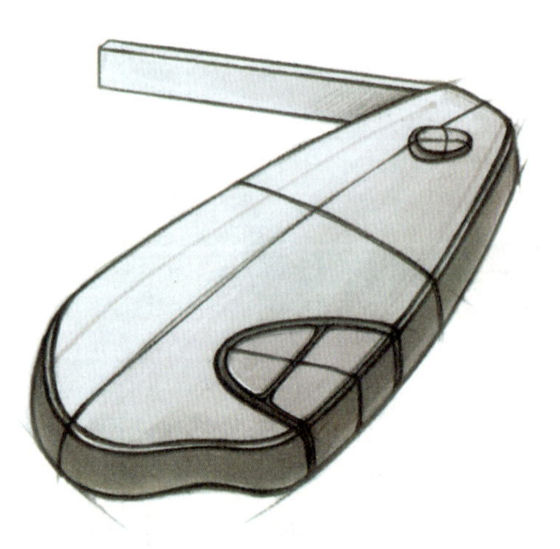

图10-38　云形钥匙手绘马克笔上色

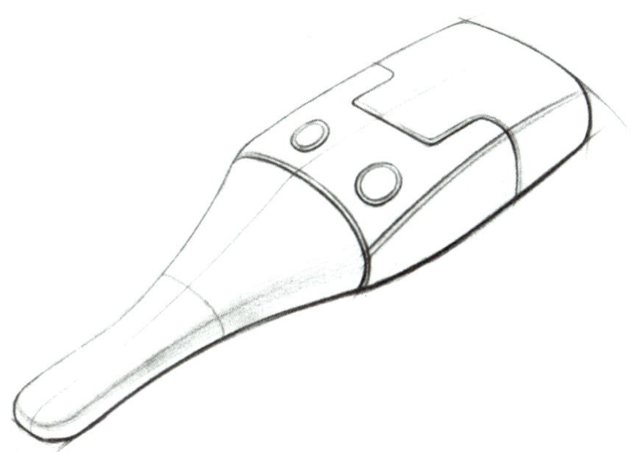

图10-39　瓶形钥匙手绘线稿

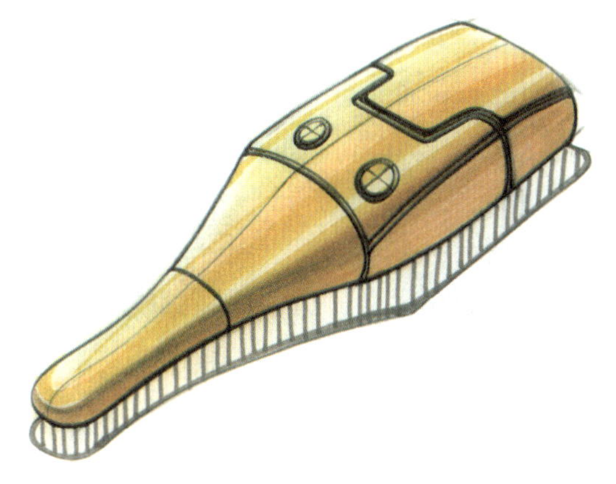

图10-40　瓶形钥匙手绘马克笔上色

用电脑绘制效果图时，首先要确定需要上色钥匙的线稿的整体架构，然后和绘画一样从暗到亮开始表现，如图10-41、图10-42所示。

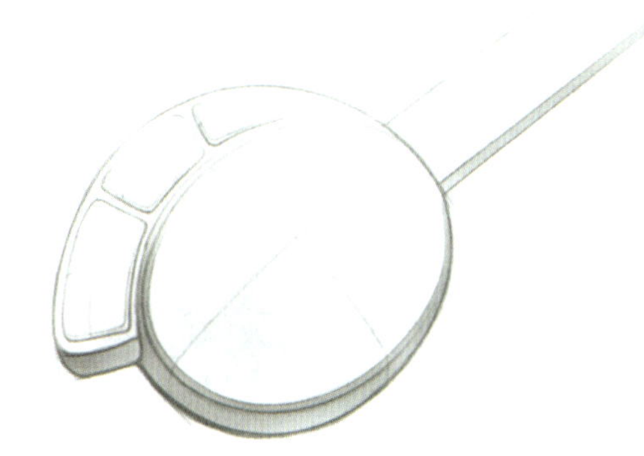

图10-41　汽车钥匙电脑上色

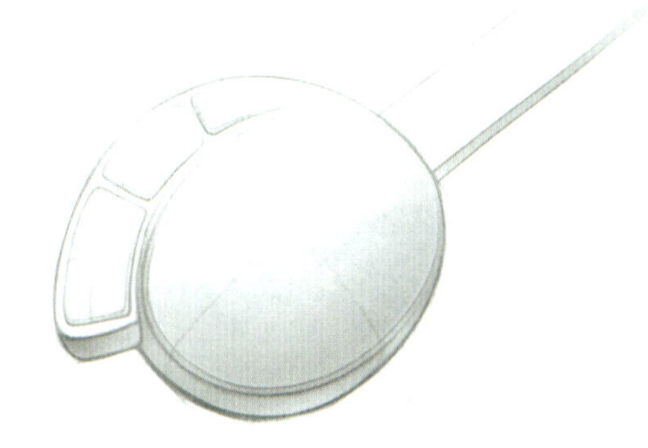

图10-42　汽车钥匙电脑上色

产品设计渲染的四大要素是构图、材质、色彩、灯光。产品渲染由构图、材质、色彩、灯光组成了最后的渲染图像，其中构图是产品渲染的第一步。要通过分析产品的造型，确定产品如何构图。图10-43运用了摄影中的三分法来构图，分为前景、中景（产品）和背景，另外两边的产品突出了中间产品的视觉重点，让图像有了相应的层次感。

产品表面的材质不同，给人的感觉也不同。金属的表面给人细腻、高贵、光洁的感受，从而可以愉悦人的心灵。银色金属和黑色材质的搭配，则可以突出产品的科技感。

布料表面较为粗糙的触感给人朴实、自然、亲切、温暖的感觉，使产品更富有人情味。

木头和石头等传统材质，总会使人联想起一些古典的东西，给人朴实、自然、典雅的感觉。

橡胶和皮革一样，同为软面材质，但橡胶比皮革耐磨，因此在产品中应用广泛；皮革表面具有自然纹理，可以使产品看起来高贵典雅。

图10-43　汽车钥匙电脑渲染

玻璃材质给人的感觉是简洁、光洁而锋利，同时也有冰冷的感觉。

金属漆是在油漆中加入了金属颗粒，一般在汽车中运用比较多；塑料材质则是在工业产品中应用最广泛的材料之一，它既有一定强度，也有一定的韧性。

材料本身的感觉特性以及材料经过表面处理之后所产生的新的心理感受构成了材料的表情特征。它们给产品注入了情感，就像镶在产品上的微笑，启示着人类将其纳入相应的表情氛围与情感环境中。材料的感觉是由视觉感和触觉感共同形成的。在汽车钥匙产品渲染中，材质的对比效果如图10-44、图10-45所示。

图10-44　汽车钥匙材质渲染效果图（一）

图10-45　汽车钥匙材质渲染效果图（二）

在产品的配色中，产品的使用环境，产品的功能均需进行考虑。白色具有很强的感染力，能够突出产品纯洁、柔和、安静等产品特性。黑色同样具有很强的感染力，能够表现出其特有的高贵和严肃感，黑色和银色金属搭配可以凸显产品的现代感。不同的色彩搭配，能够带给使用者不同的视觉感受。在汽车钥匙产品渲染中，配色对比效果如图10-46、图10-47所示。

产品渲染中灯光对比也会产生不同的视觉效果，当赋予产品材质之后，剩下的工作就是布光了。如果一个产品没有灯光，也就谈不上产品的视觉艺术效果了。在图像中，一般有一个主光和多个辅助光，要借助主光的照射，来表现物体的造型和结构，保证图像的可视性。而产品的细节、质感的表现，则是由主光和辅助光共同完成，通过对灯光的光量、角度和硬度的调节来实现。同时还可以通过不同的灯光达到不同的渲染效果，如图10-48至图10-50所示。

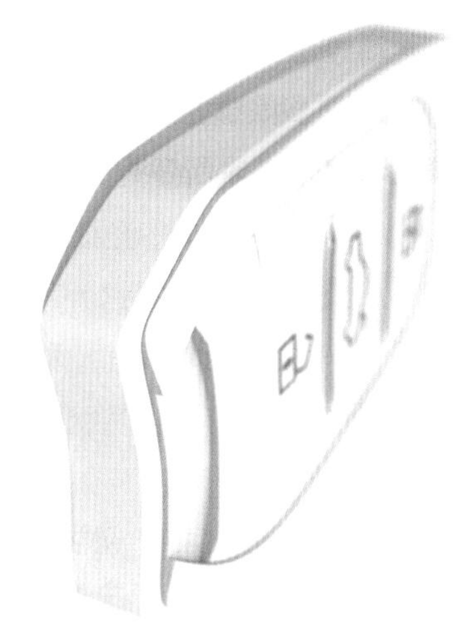

图10-46　汽车钥匙色彩搭配（一）

图10-47　汽车钥匙色彩搭配（二）

图10-48　汽车钥匙灯光渲染效果（一）

图10-49　汽车钥匙灯光渲染效果（二）

图10-50　汽车钥匙灯光渲染效果（三）

在产品的商业摄影中，经常会用到景深效果，以突出产品的某个局部，而虚化的部分则起到衬托作用。图像的景深和摄像机景深原理相同，主要是由光圈、焦距和物距决定的。光圈越大，景深越小；光圈越小，景深越大。焦距越大，景深越小，反之景深越大。渲染景深时如有毛糙，则需提高采样值，如图10-51至图10-53所示。

图10-51　汽车钥匙景深渲染效果（一）

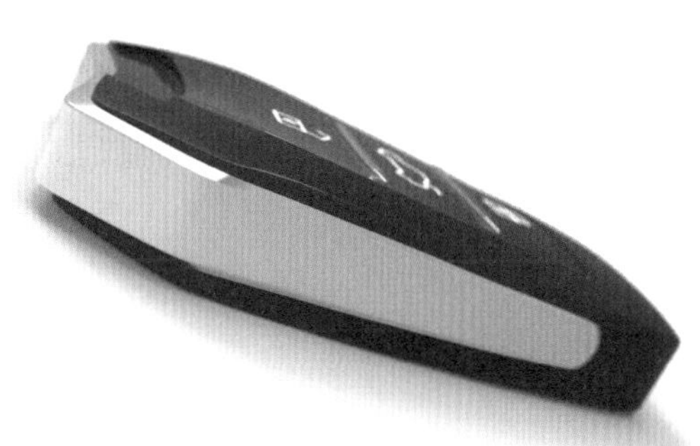

图10-52　汽车钥匙景深渲染效果（二）

图10-53 汽车钥匙景深渲染效果（三）

很多人都对汽车设计感兴趣，但汽车设计是一项系统而又复杂的工程，初学者可以从汽车的某个部分开始设计。汽车钥匙就是汽车设计中重要的一部分，它能体现车主的个性和品位，如图10-54、图10-55所示。

图10-54 汽车钥匙手绘线稿

图10-55 汽车钥匙手绘马克笔上色

第三部分　精彩案例展示

学习、借鉴，才能做出更好的产品设计

第十一章 产品设计手绘作品赏析

图11-1至图11-31列出了学生的一些习作，包括对产品原图进行线条和明暗关系的概括、提炼以及用手绘的形式进行表达。

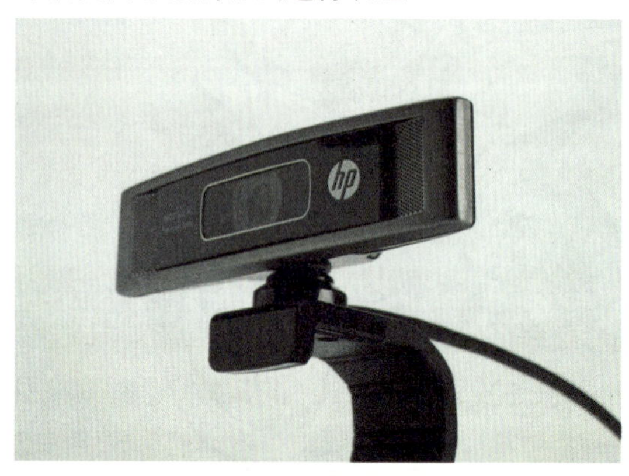

图11-1　产品原图

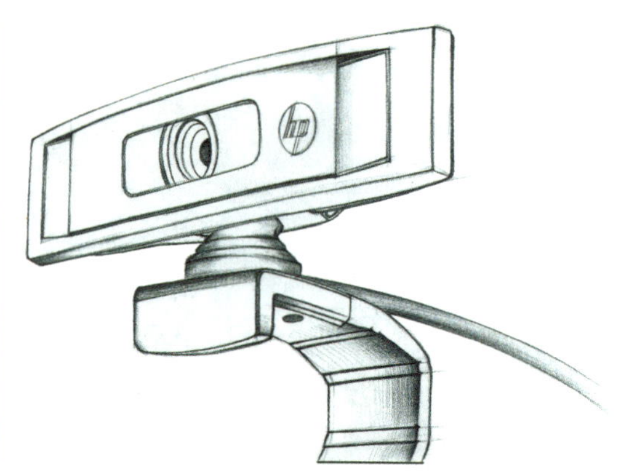

图11-2　手绘线稿（一）　作者：谢淑鑫

图11-3　手绘线稿（二）　作者：谢淑鑫

图11-4　手绘线稿（三）　作者：谢淑鑫

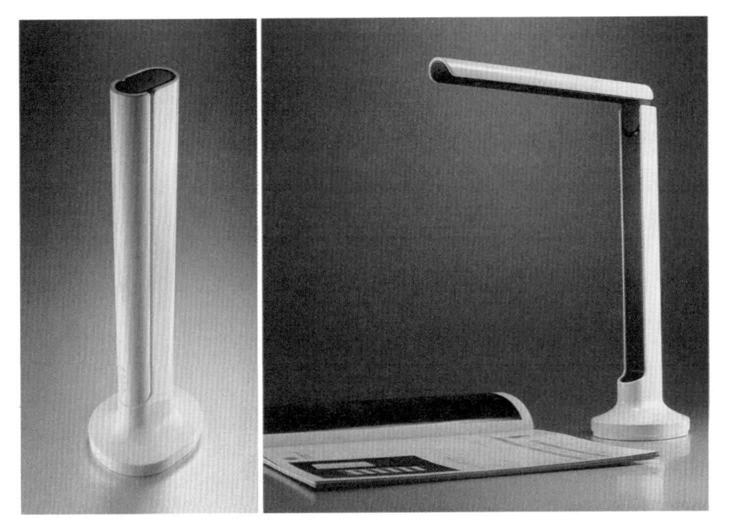

图11-5　产品原图

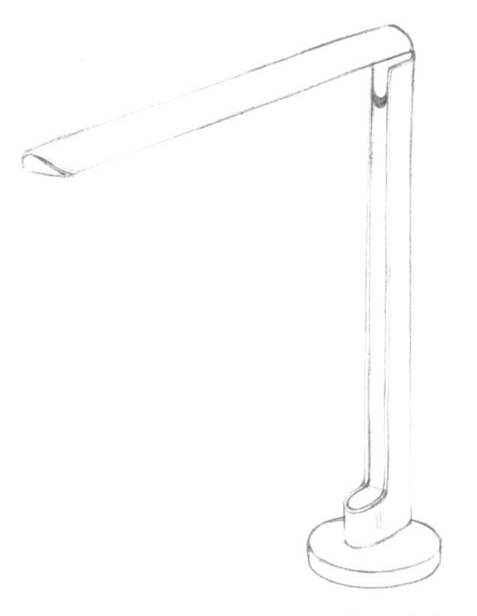

图11-6　手绘线稿（一）　作者：孙宇涵

图11-7　手绘线稿（二）　作者：孙宇涵

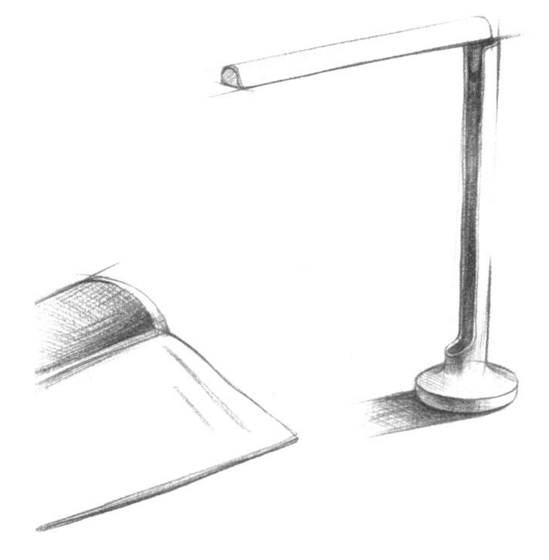

图11-8　手绘线稿（三）　作者：孙宇涵

图11-9　产品原图

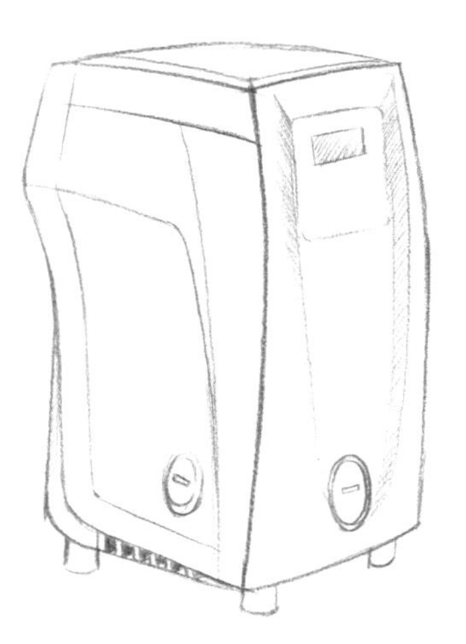

图11-10　手绘线稿（一）　作者：孙宇涵

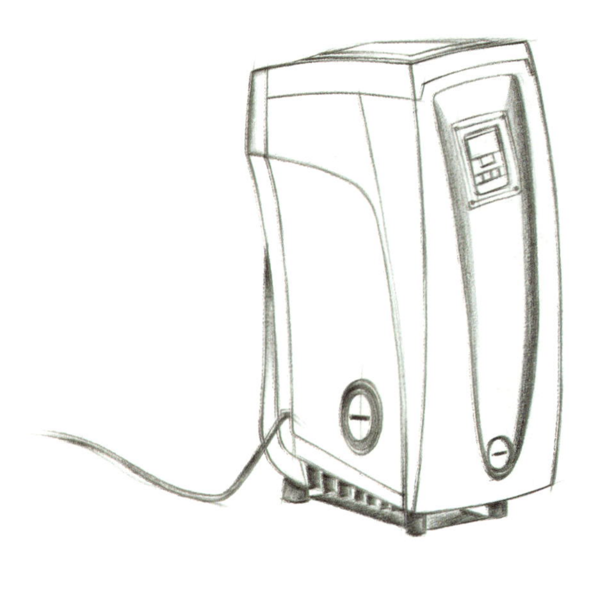

图11-11 手绘线稿（二） 作者：孙宇涵

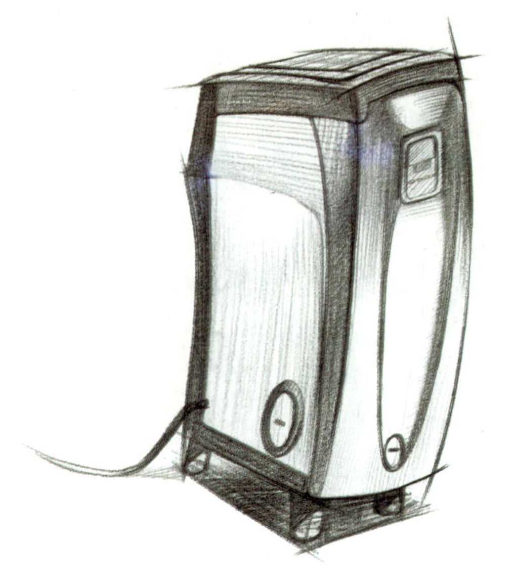

图11-12 手绘线稿（三） 作者：孙宇涵

图11-13 产品原图

图11-14 手绘线稿（一） 作者：张仁杰

图11-15 手绘线稿（二） 作者：张仁杰

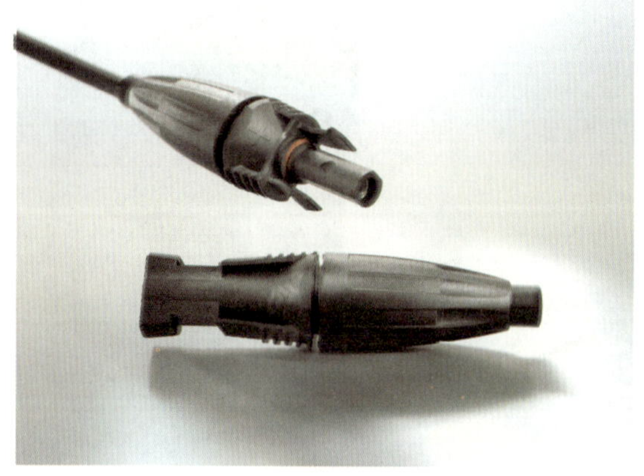

图11-16 产品原图

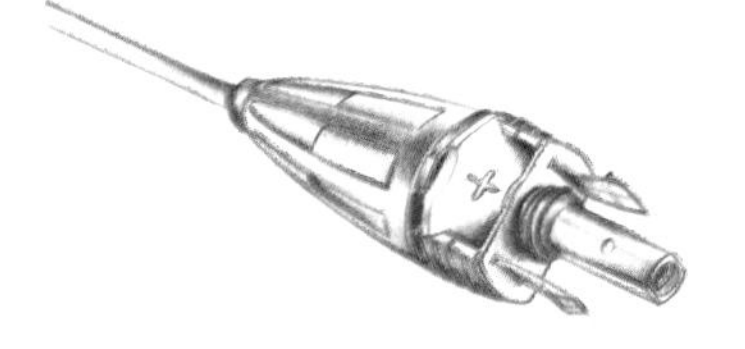

图11-17　手绘线稿（一）　作者：李星智

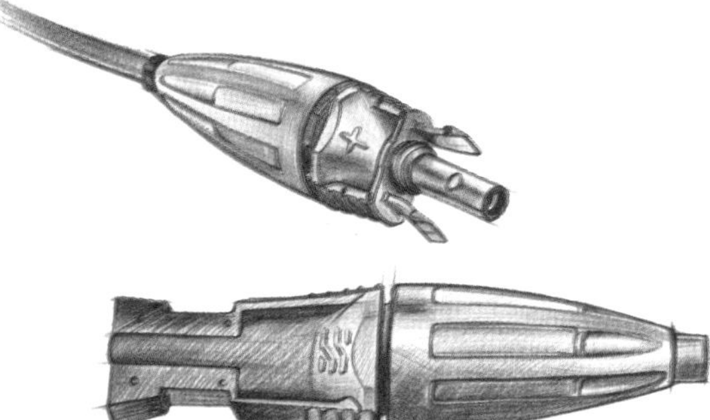

图11-18　手绘线稿（二）　作者：李星智

图11-19　产品原图

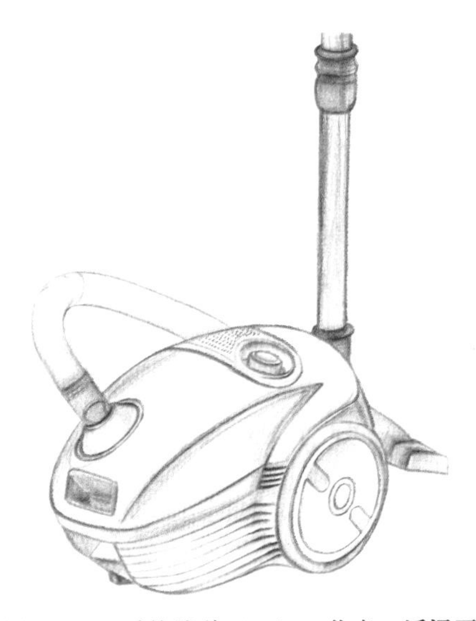

图11-20　手绘线稿（一）　作者：潘泽磊

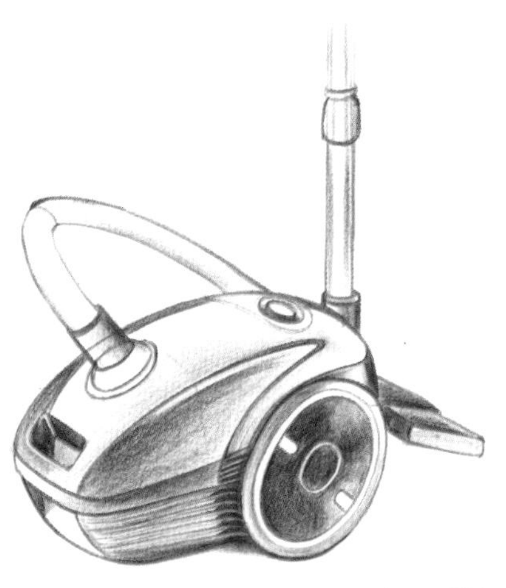

图11-21　手绘线稿（二）　作者：潘泽磊

图11-22　产品原图

图11-23　手绘线稿（一）　作者：潘泽磊

图11-24　手绘线稿（二）　作者：潘泽磊

图11-25　手绘线稿（三）　作者：潘泽磊

图11-26　产品原图

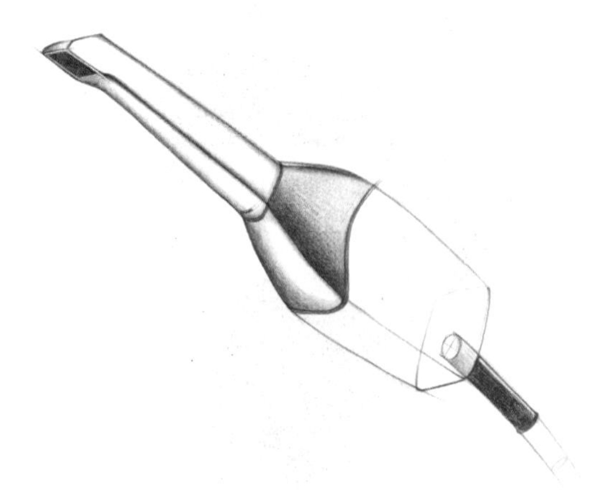

图11-27　手绘线稿（一）　作者：江也

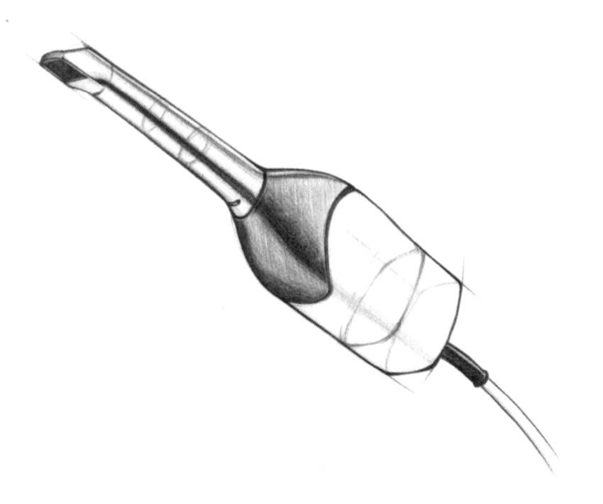

图11-28　手绘线稿（二）　作者：江也

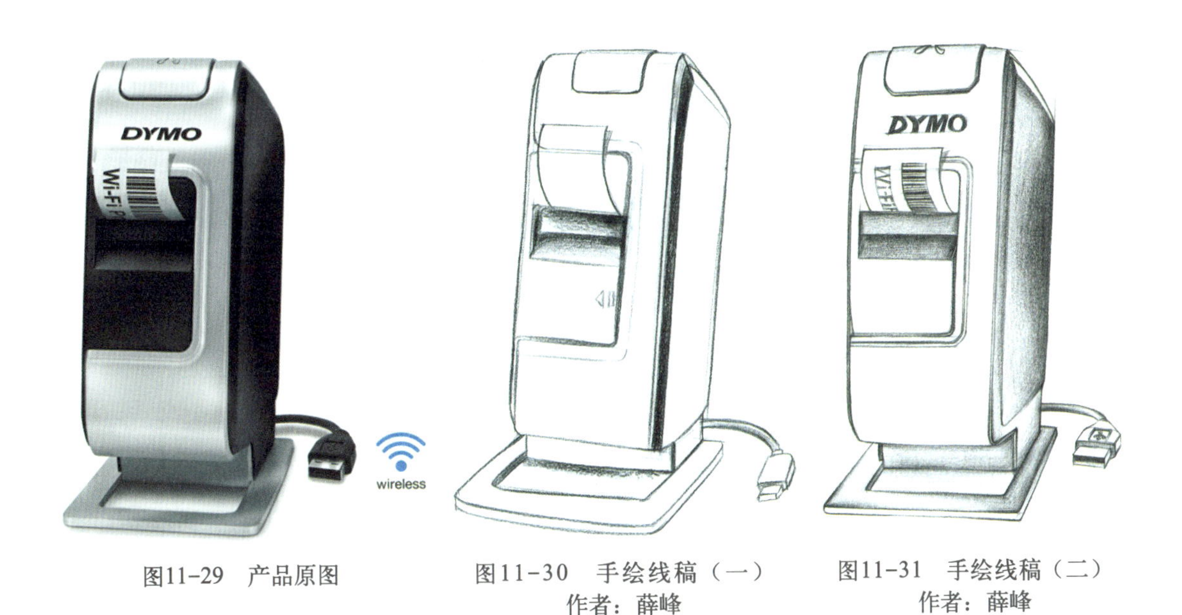

图11-29　产品原图

图11-30　手绘线稿（一）
作者：薛峰

图11-31　手绘线稿（二）
作者：薛峰

图11-32至图11-49主要是产品细节图形和版面设计表达，这些图形是设计师与客户之间交流时常用的设计表现形式。

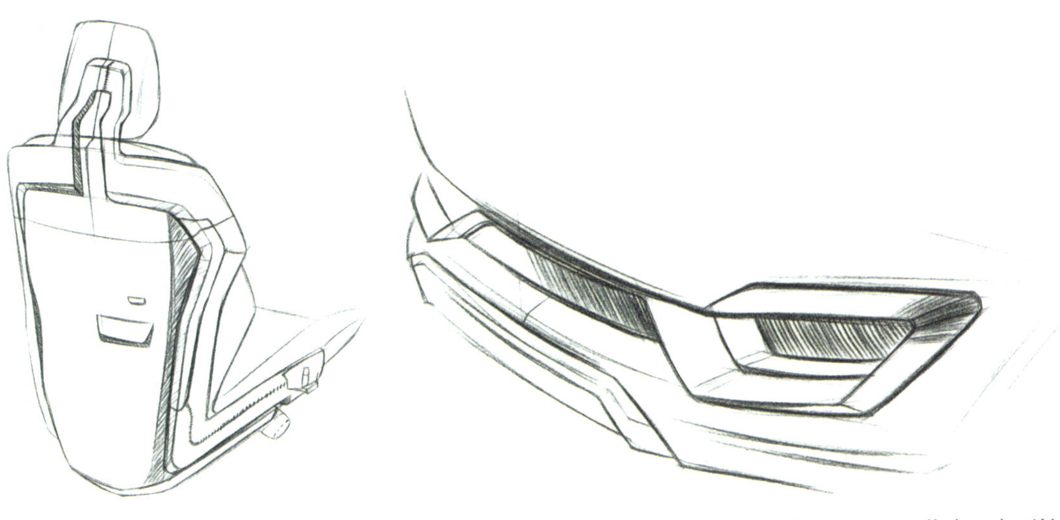

图11-32　产品细节图形和版面设计表达（一）
作者：宋丽姝

图11-33　产品细节图形和版面设计表达（二）　作者：宋丽姝

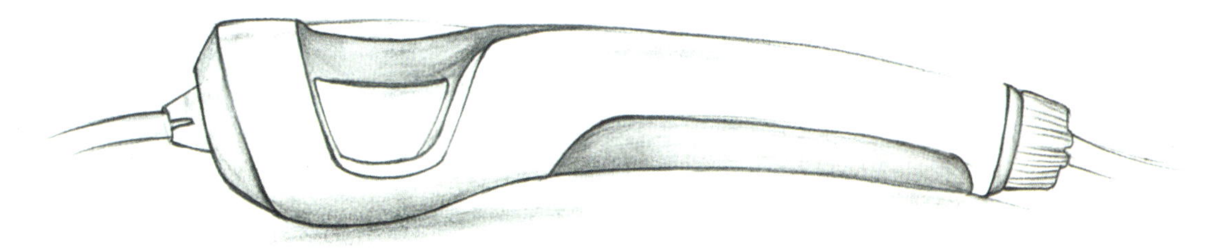

图11-34　产品细节图形和版面设计表达（三）　作者：江也

图11-35　产品细节图形和版面设计表达（四）　作者：杨鹏

图11-36　产品细节图形和版面设计表达（五）　作者：宋丽姝

图11-37　产品细节图形和版面设计表达（六）　作者：宋丽姝

图11-38　产品细节图形和版面设计表达（七）　作者：张钟鹤

图11-39 产品细节图形和版面设计表达（八） 作者：宋丽姝

图11-40 产品细节图形和版面设计表达（九） 作者：杨鹏

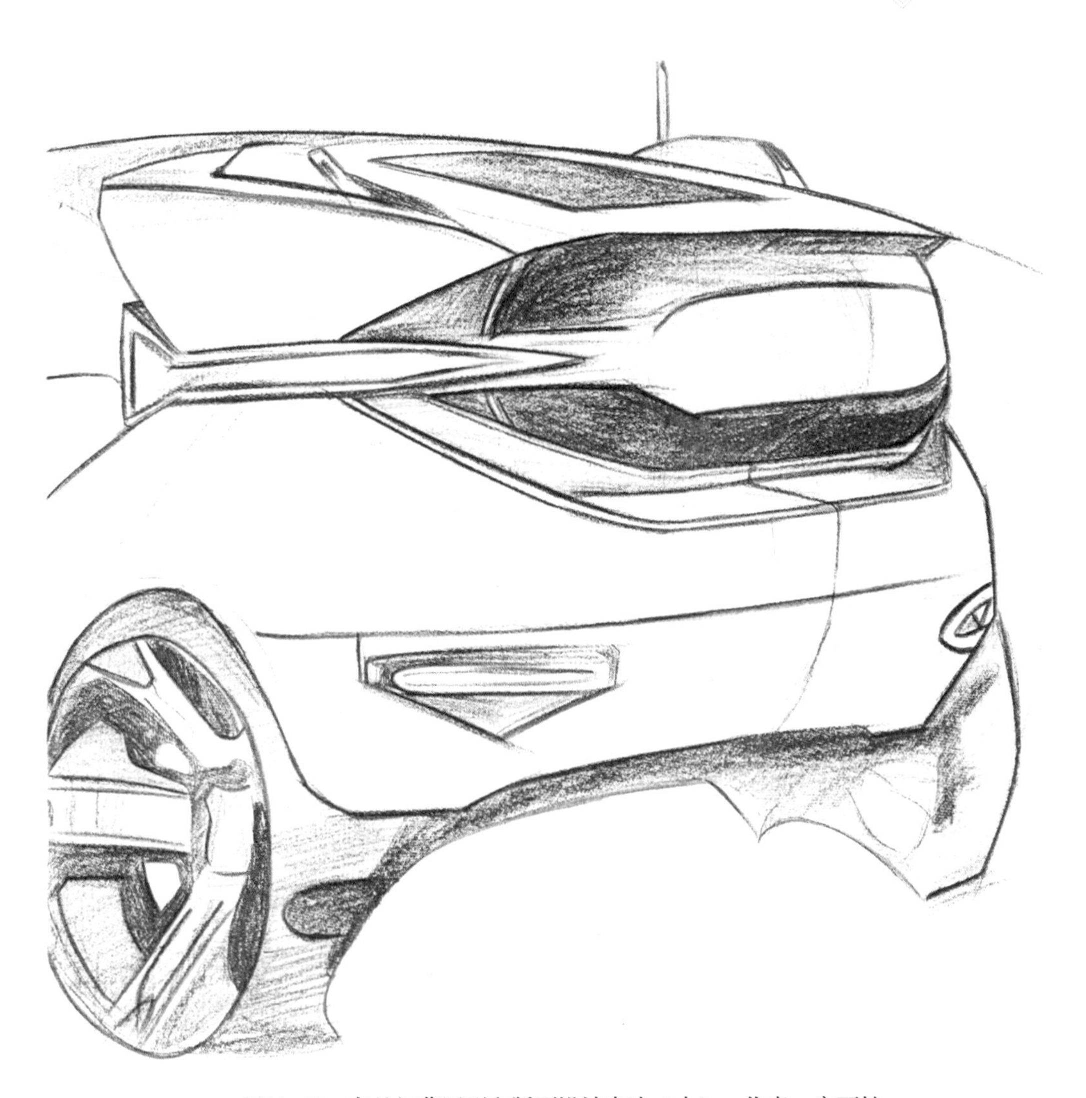

图11-41　产品细节图形和版面设计表达（十）　作者：宋丽姝

图11-42　产品细节图形和版面设计表达（十一）　作者：张钟鹤

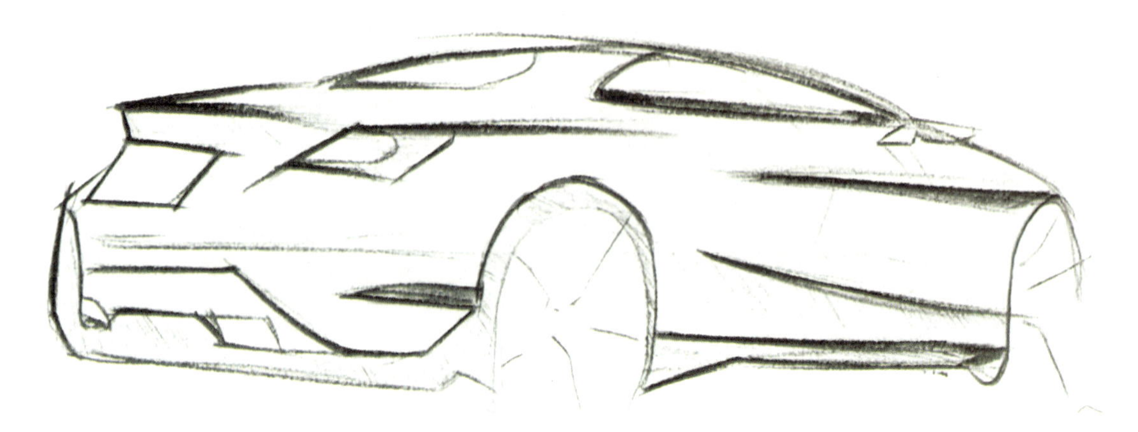

图11-43 产品细节图形和版面设计表达（十二） 作者：张钟鹤

图11-44 产品细节图形和版面设计表达（十三） 作者：张钟鹤

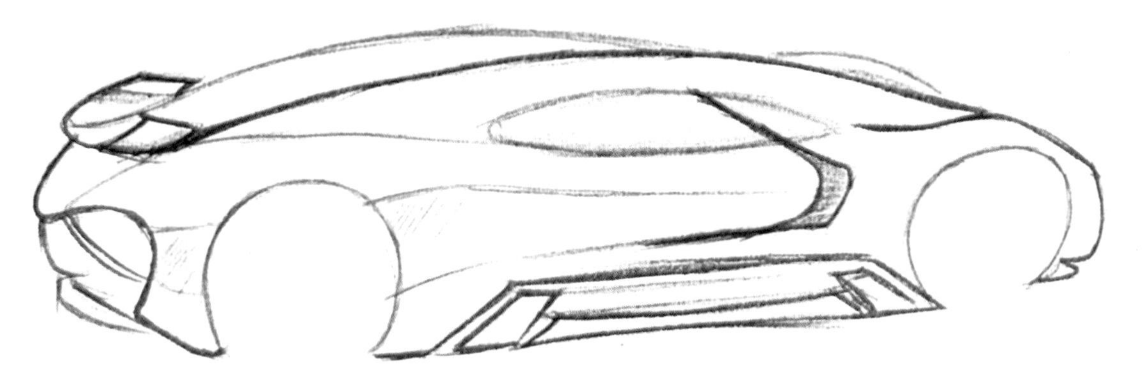

图11-45　产品细节图形和版面设计表达（十四）　作者：张钟鹤

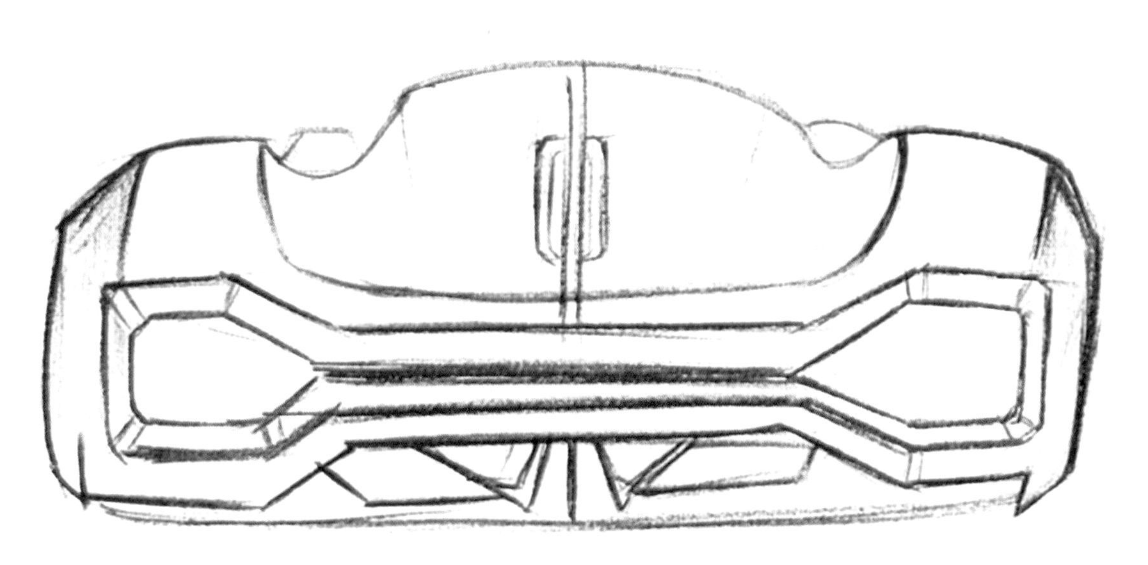

图11-46　产品细节图形和版面设计表达（十五）　作者：张钟鹤

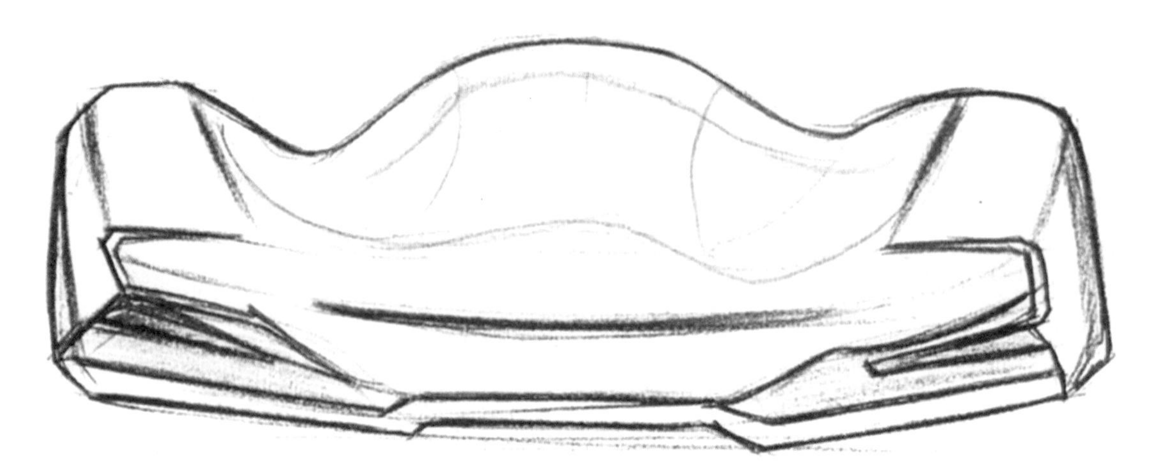

图11-47　产品细节图形和版面设计表达（十六）　作者：张钟鹤

图11-48　产品细节图形和版面设计表达（十七）　作者：宋丽姝

图11-49　产品细节图形和版面设计表达（十八）　作者：宋丽姝

图11-50至图11-70为谢淑鑫个人作品。

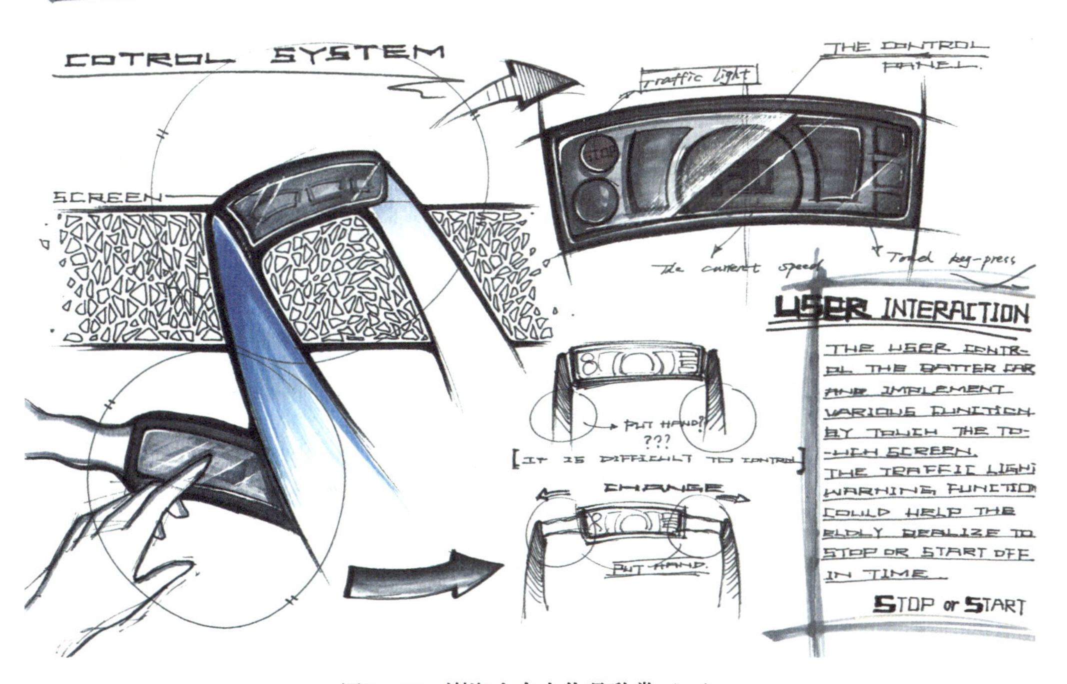

图11-50　谢淑鑫个人作品欣赏（一）

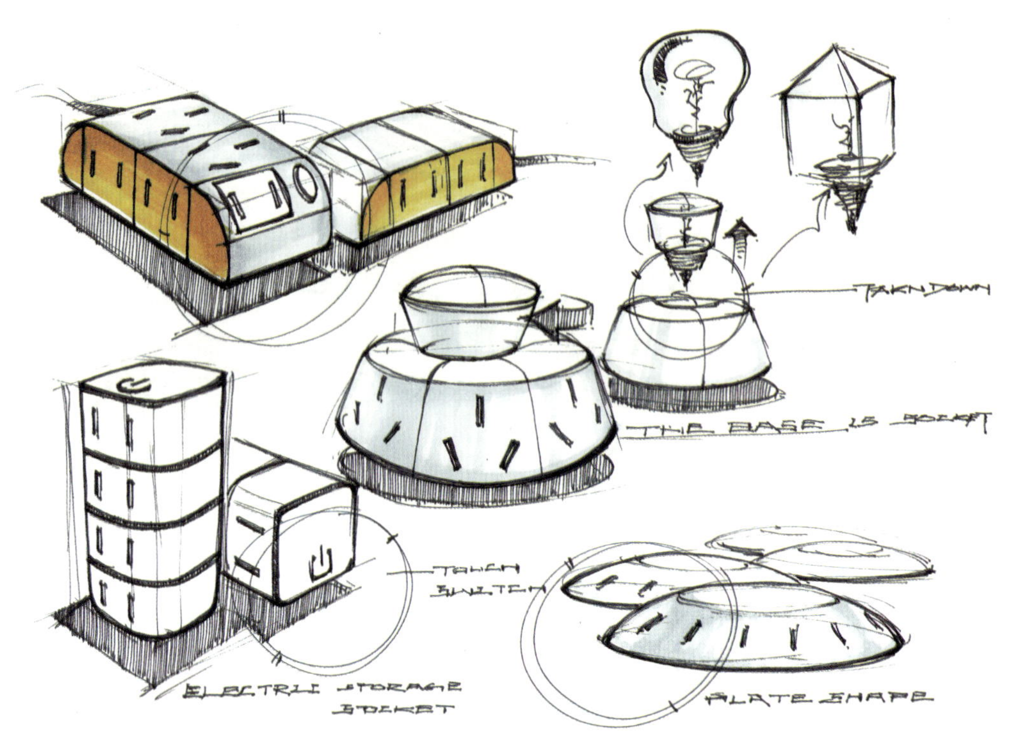

图11-51　谢淑鑫个人作品欣赏（二）

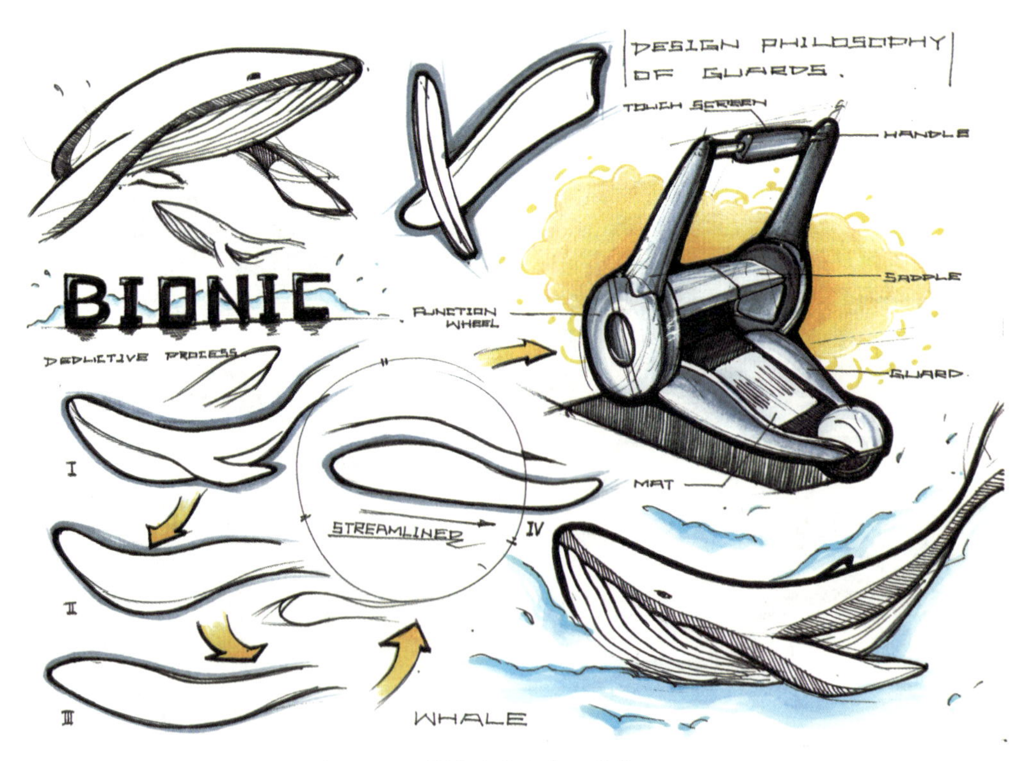

图11-52　谢淑鑫个人作品欣赏（三）

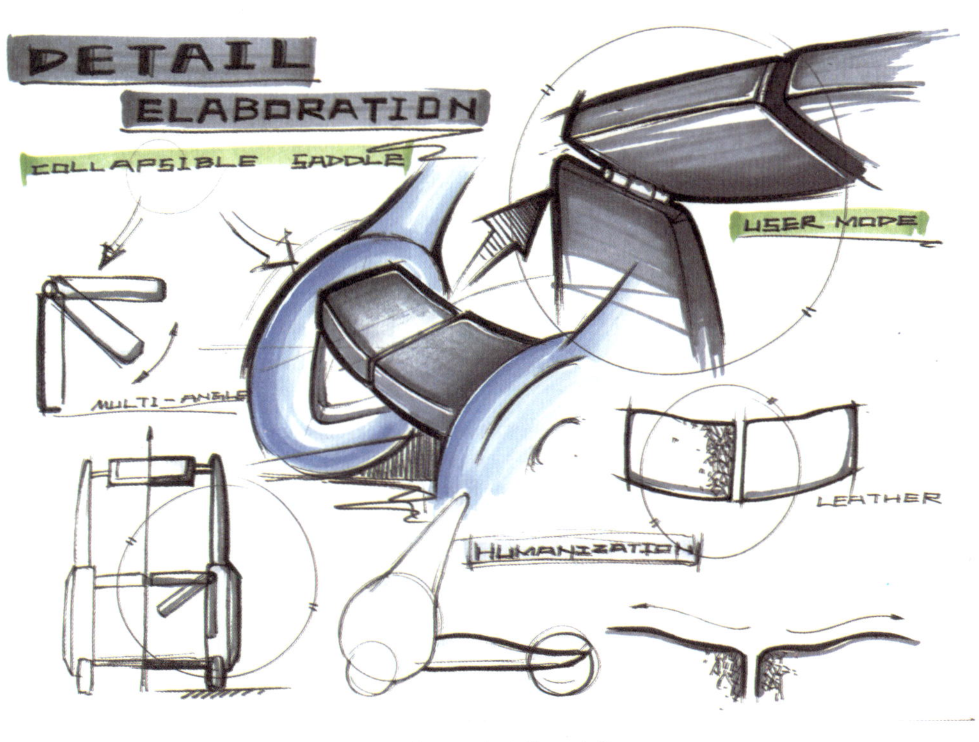

图11-53　谢淑鑫个人作品欣赏（四）

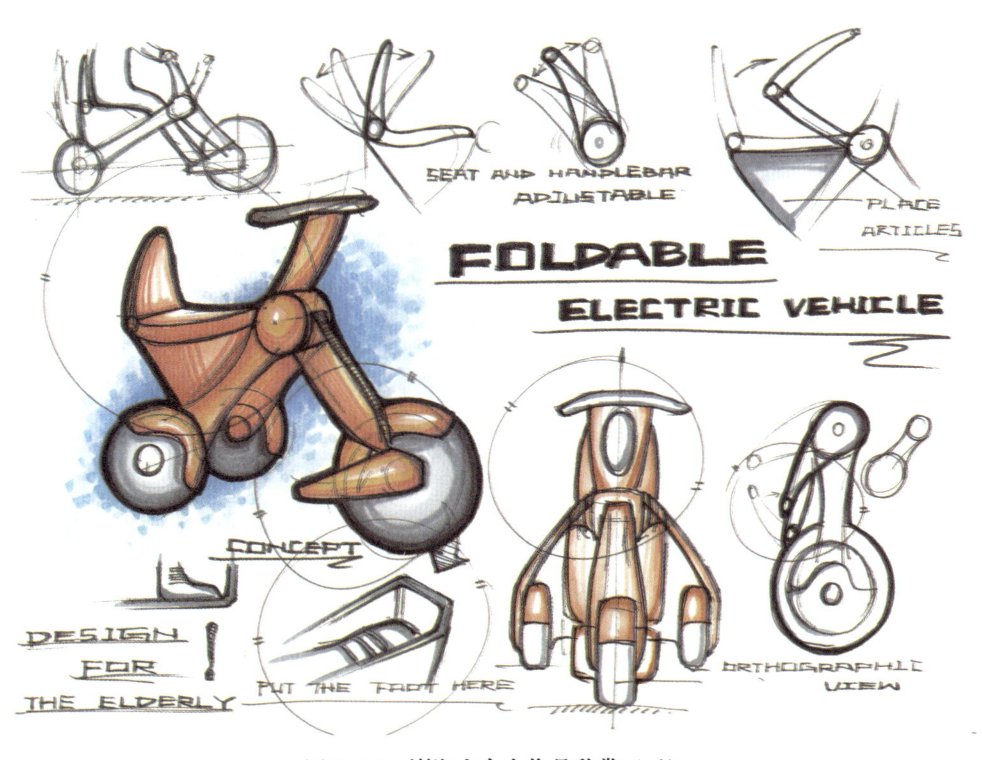

图11-54　谢淑鑫个人作品欣赏（五）

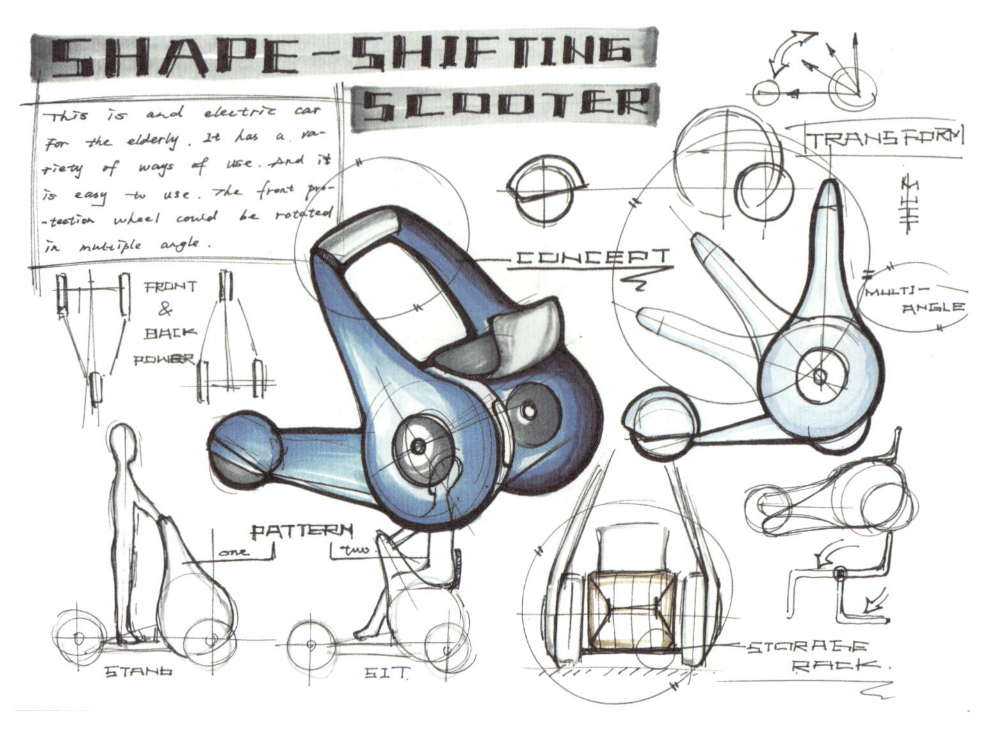

图11-55 谢淑鑫个人作品欣赏（六）

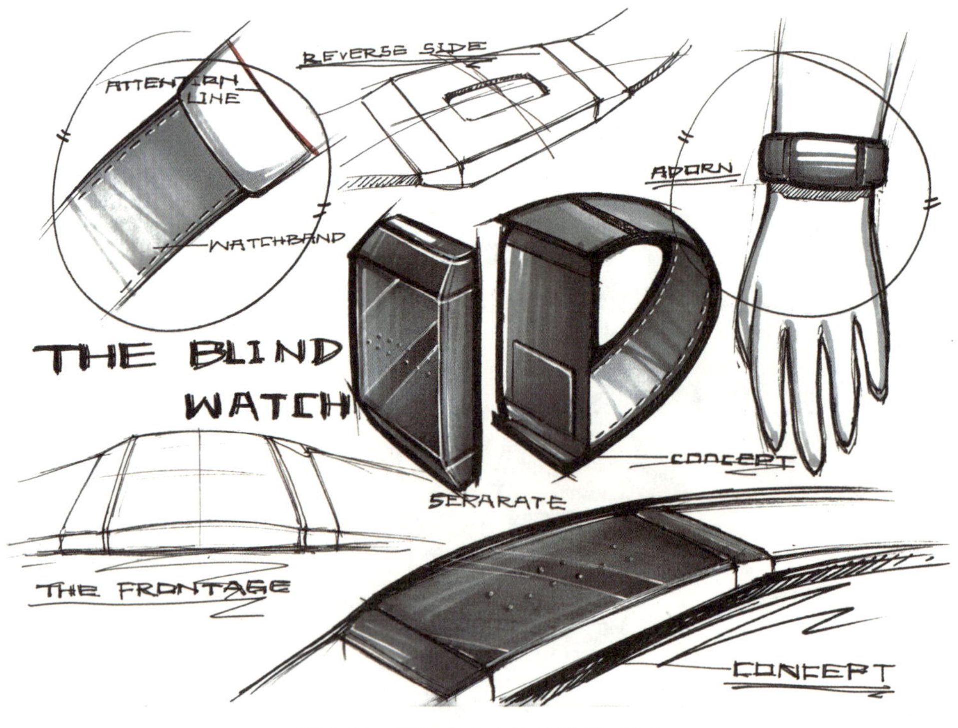

图11-56 谢淑鑫个人作品欣赏（七）

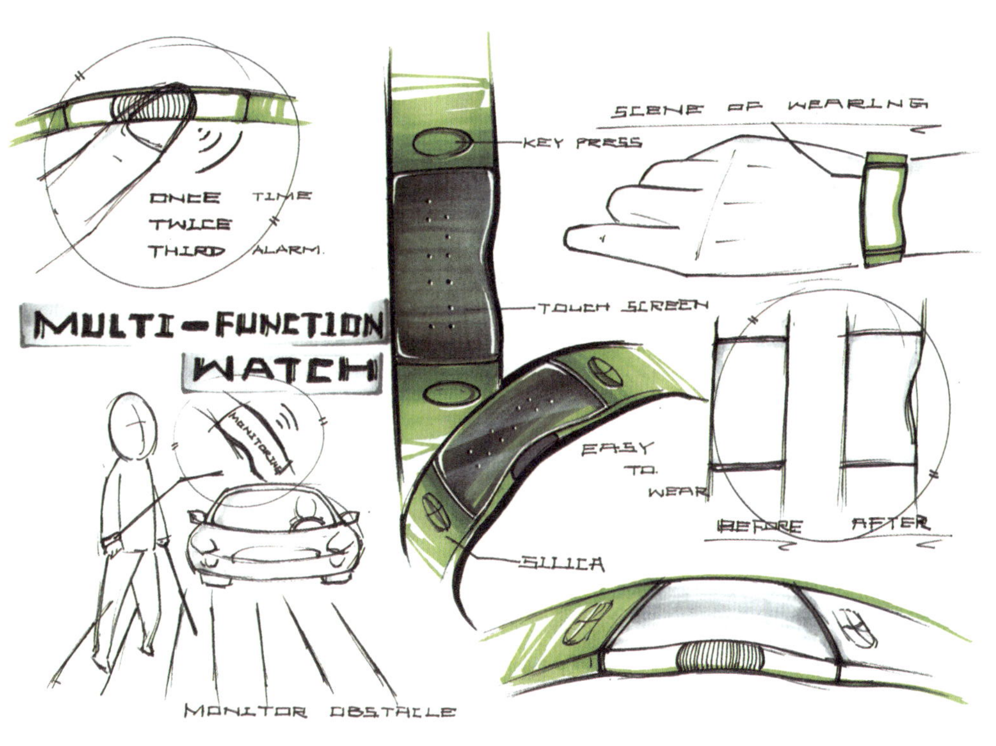

图11-57　谢淑鑫个人作品欣赏（八）

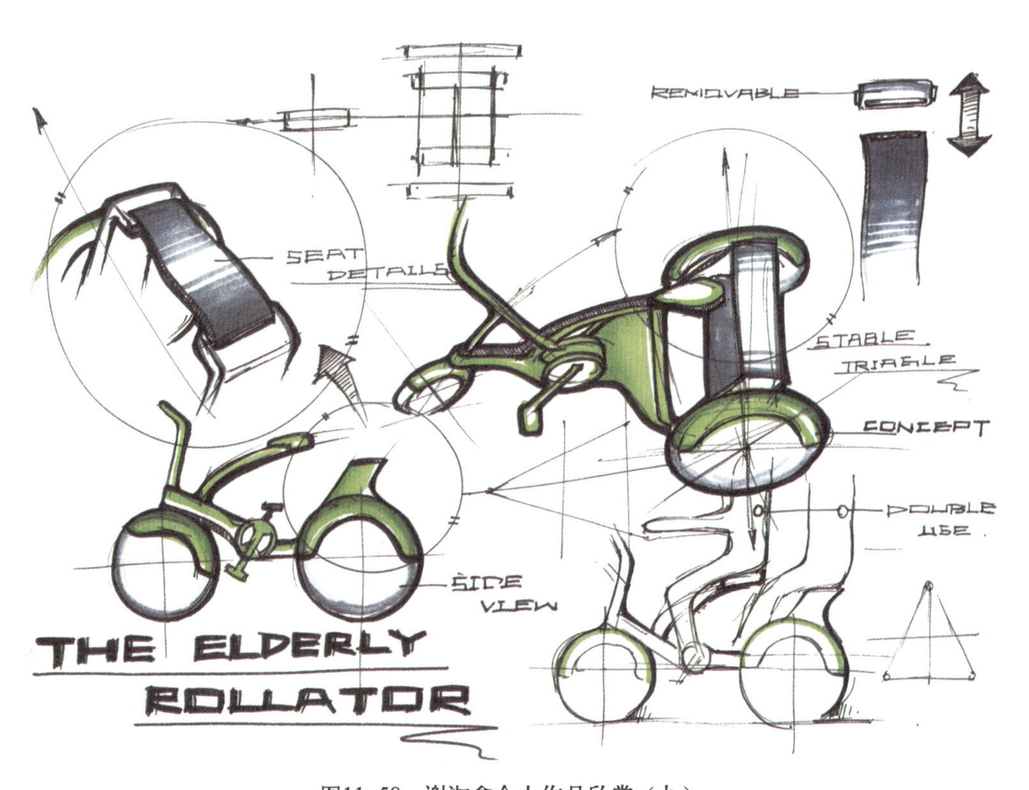

图11-58　谢淑鑫个人作品欣赏（九）

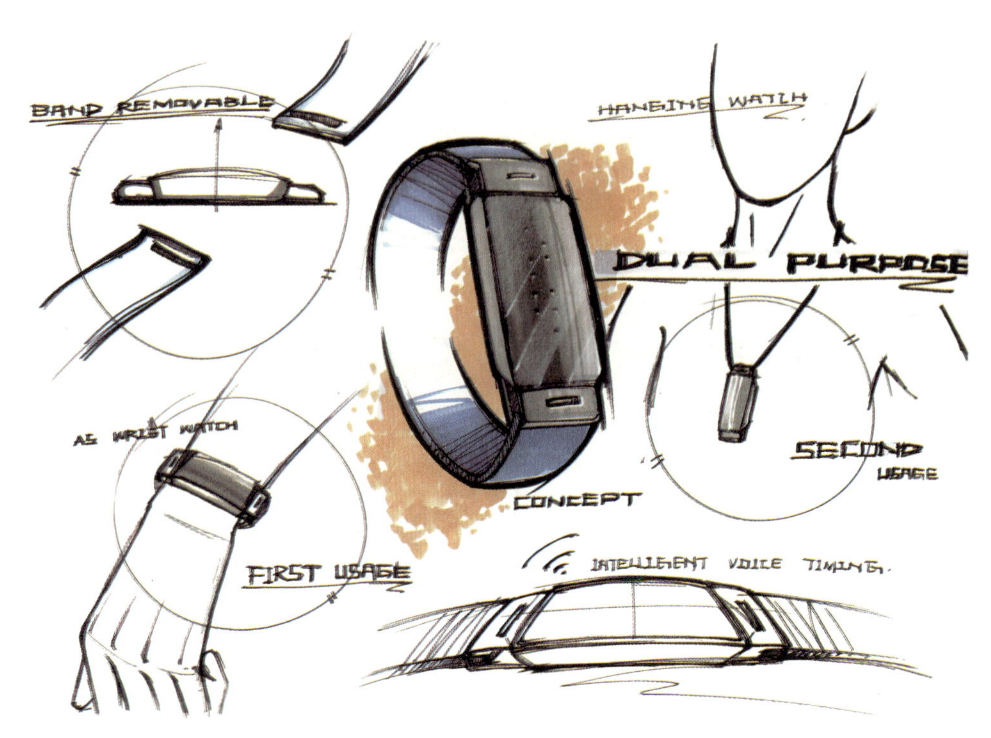

图11-59　谢淑鑫个人作品欣赏（十）

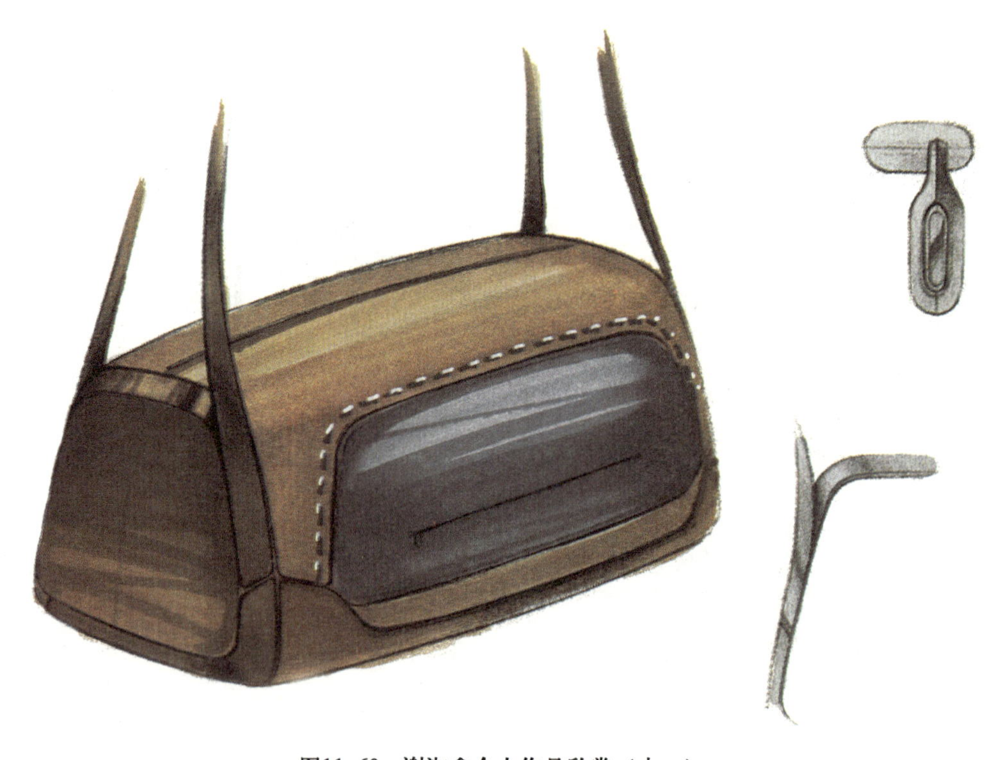

图11-60　谢淑鑫个人作品欣赏（十一）

图11-61　谢淑鑫个人作品欣赏（十二）

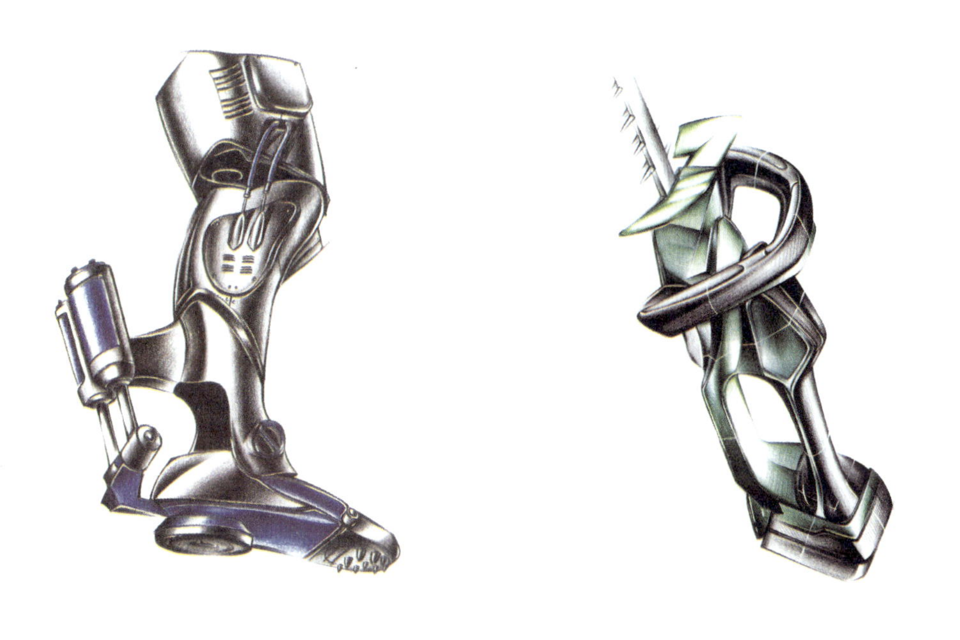

图11-62　谢淑鑫个人作品欣赏（十三）

图11-63　谢淑鑫个人作品欣赏（十四）

图11-64　谢淑鑫个人作品欣赏（十五）

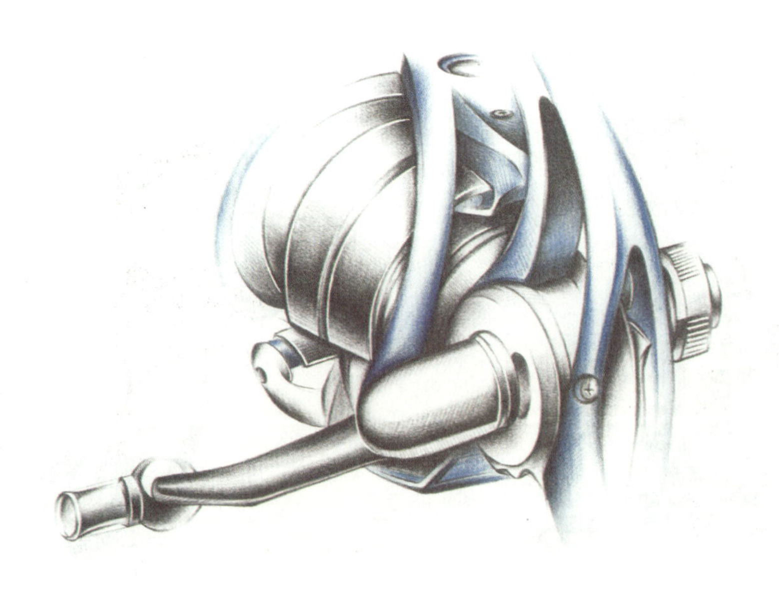

图11-65　谢淑鑫个人作品欣赏（十六）

图11-66　谢淑鑫个人作品欣赏（十七）

图11-67　谢淑鑫个人作品欣赏（十八）

图11-68　谢淑鑫个人作品欣赏（十九）

图11-69　谢淑鑫个人作品欣赏（二十）

图11-70　谢淑鑫个人作品欣赏（二十一）

图11-71至图11-87为汤赟翌个人作品。

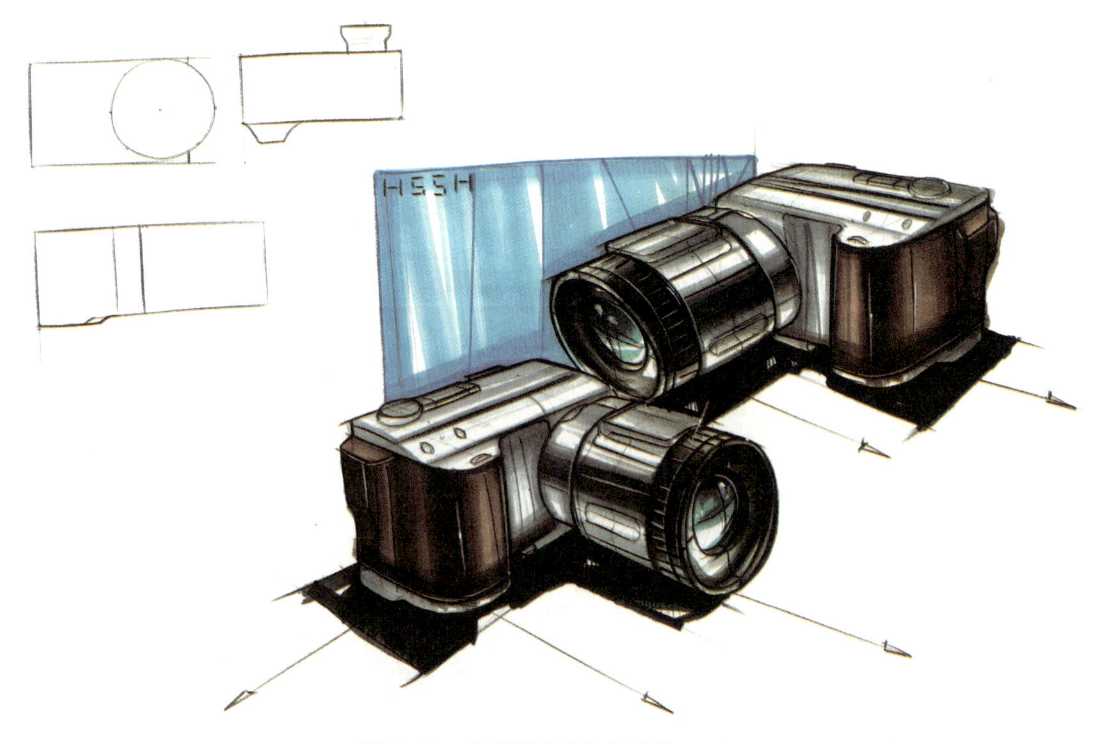

图11-71　汤赟翌个人作品欣赏（一）

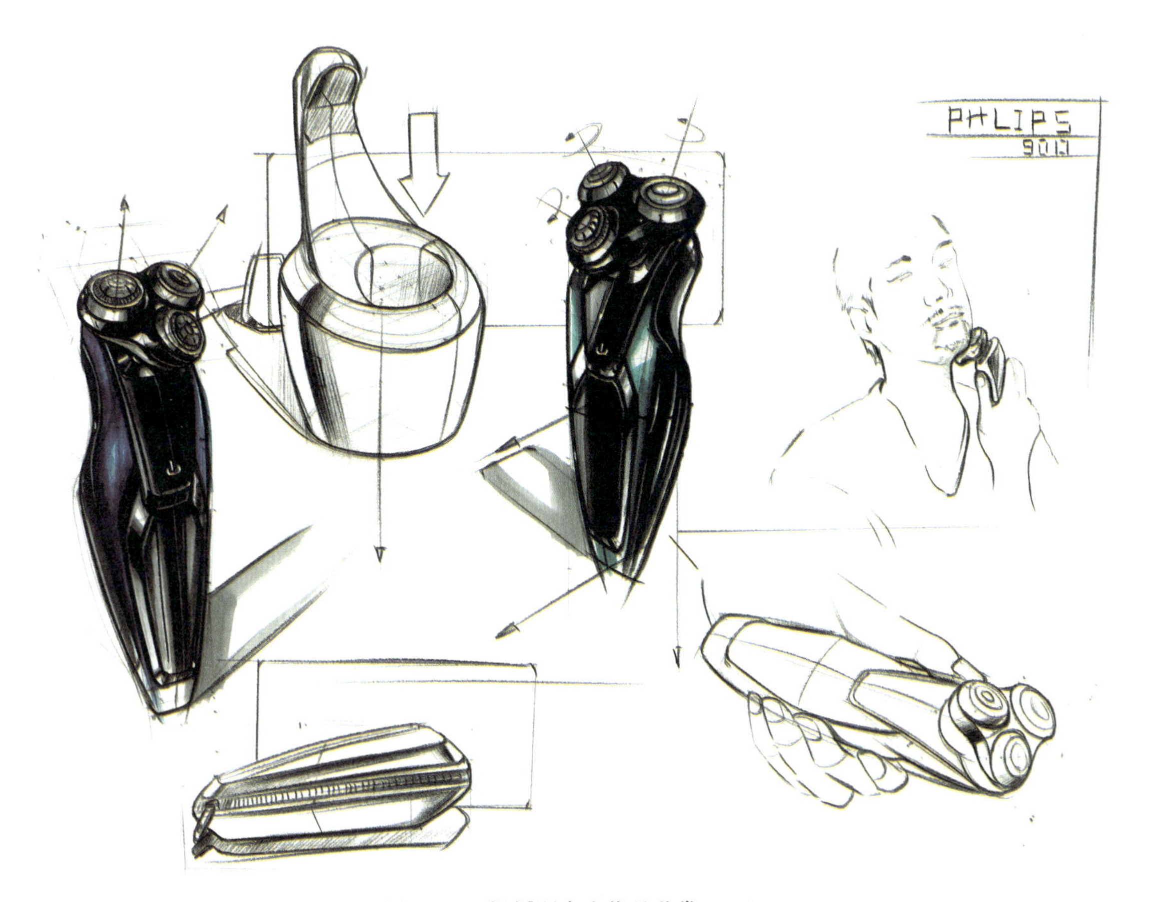

图11-72　汤赟翌个人作品欣赏（二）

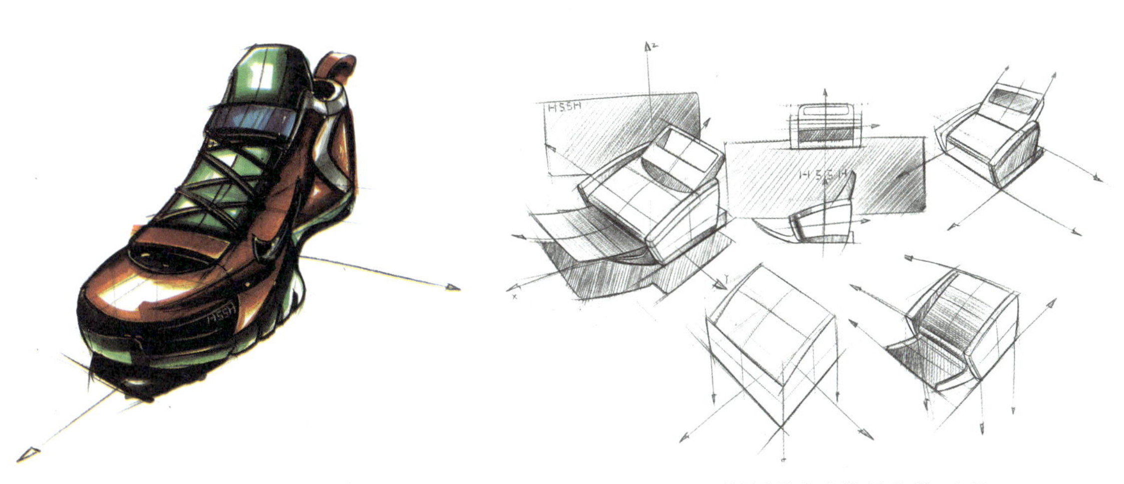

图11-73　汤赟翌个人作品欣赏（三）

图11-74　汤赟翌个人作品欣赏（四）

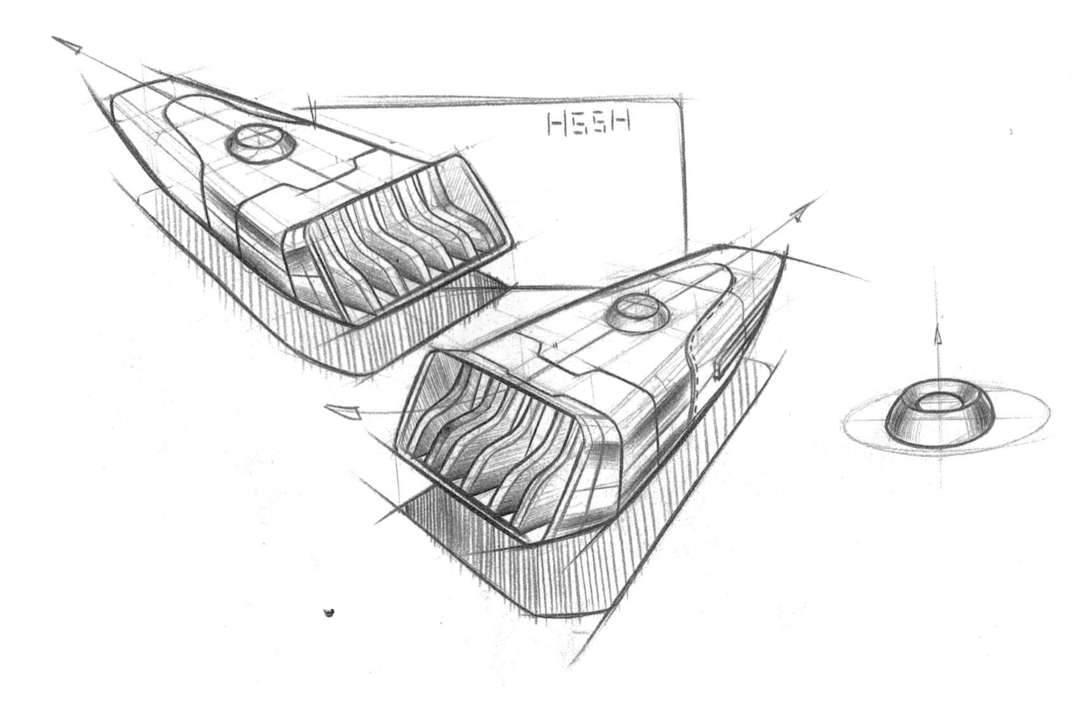

图11-75　汤赟翌个人作品欣赏（五）

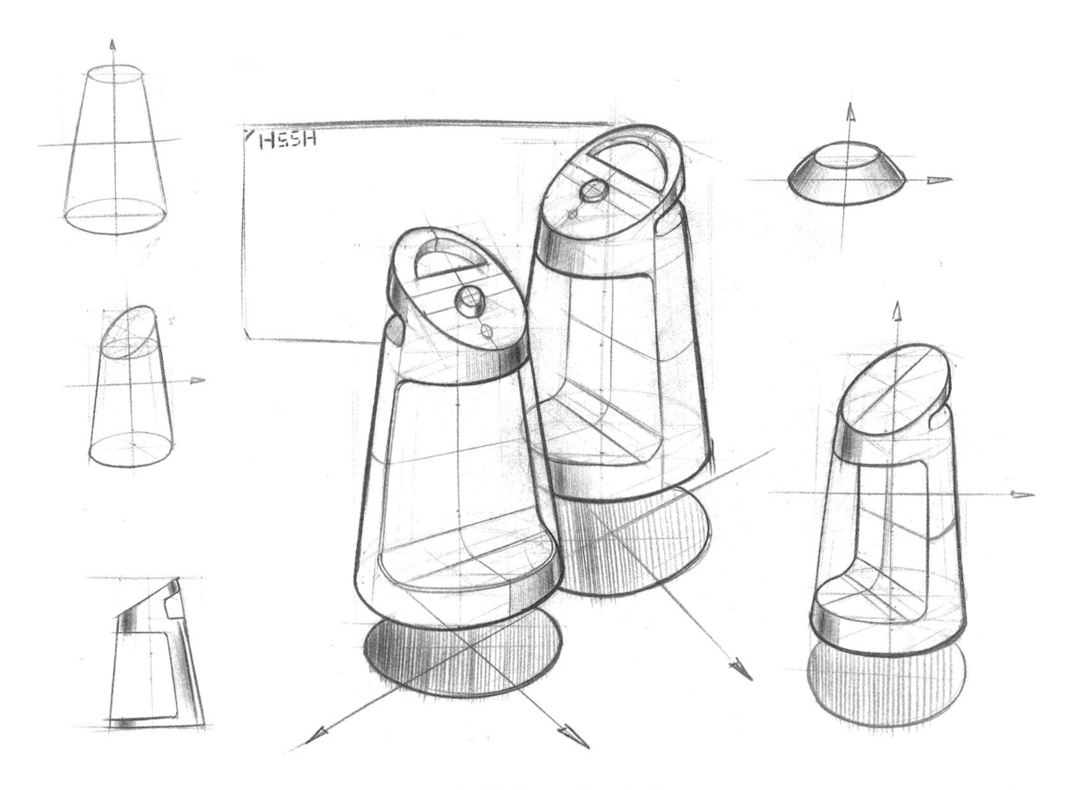

图11-76　汤赟翌个人作品欣赏（六）

图11-77　汤赟翌个人作品欣赏（七）

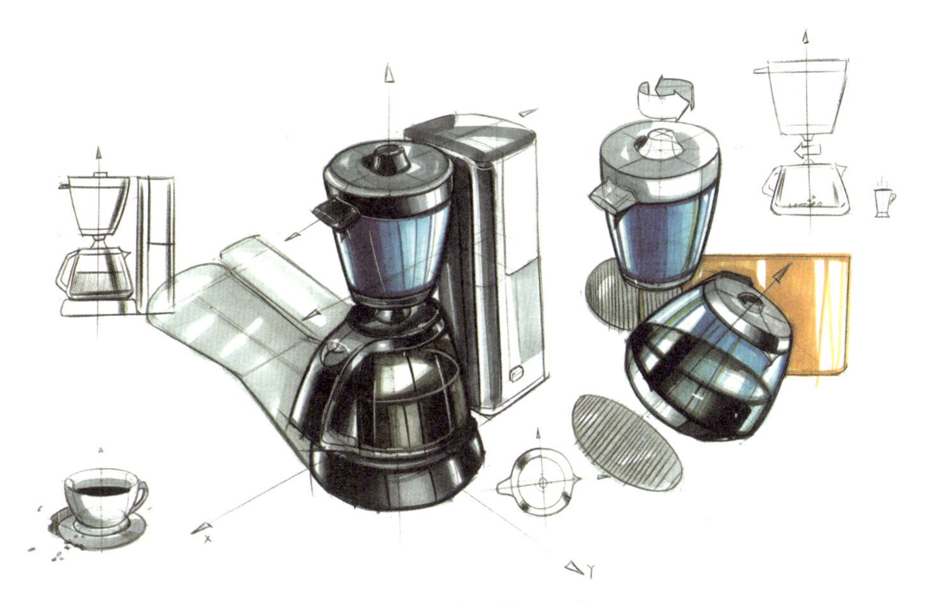

图11-78　汤赟翌个人作品欣赏（八）

图11-79　汤赟翌个人作品欣赏（九）

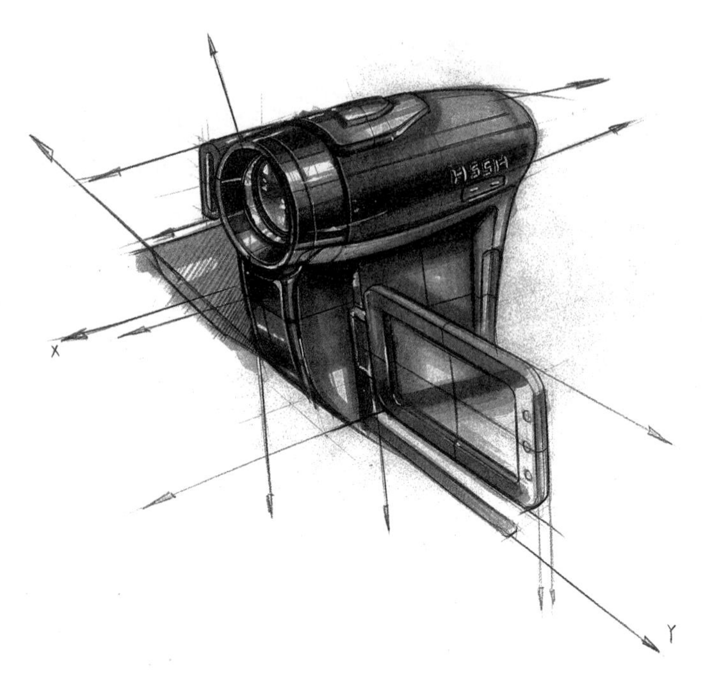

图11-80　汤赟翌个人作品欣赏（十）

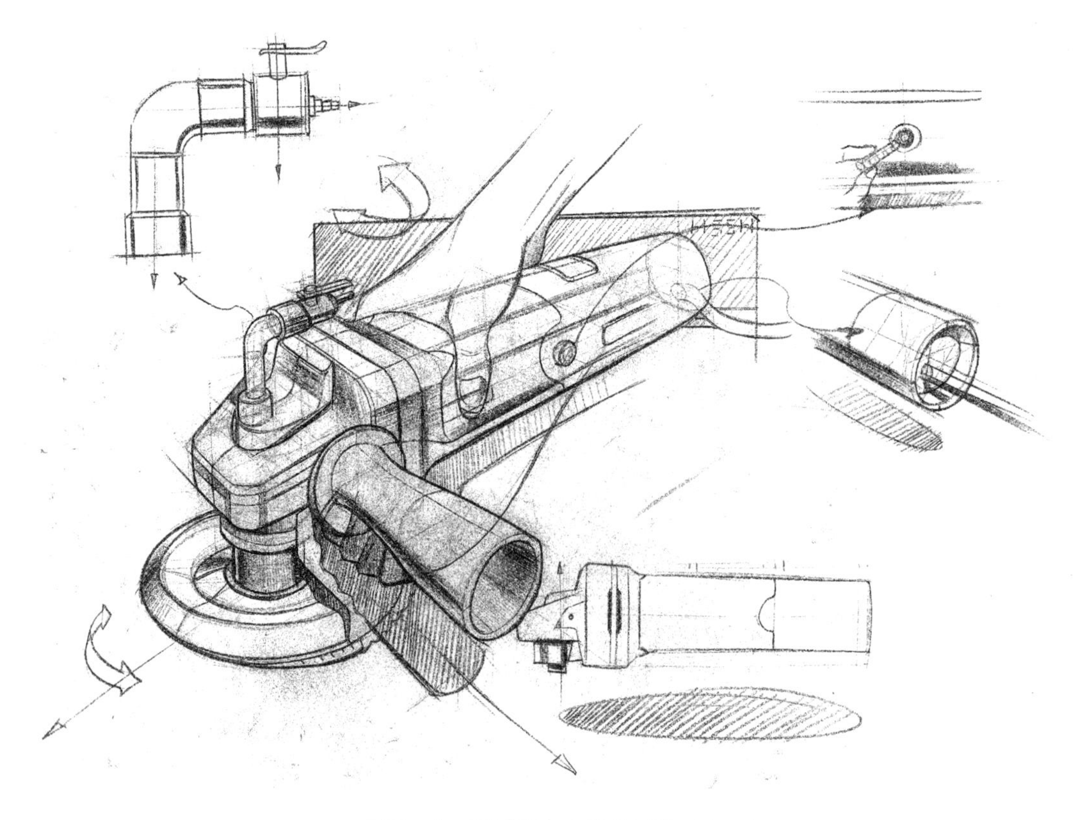

图11-81　汤赟翌个人作品欣赏（十一）

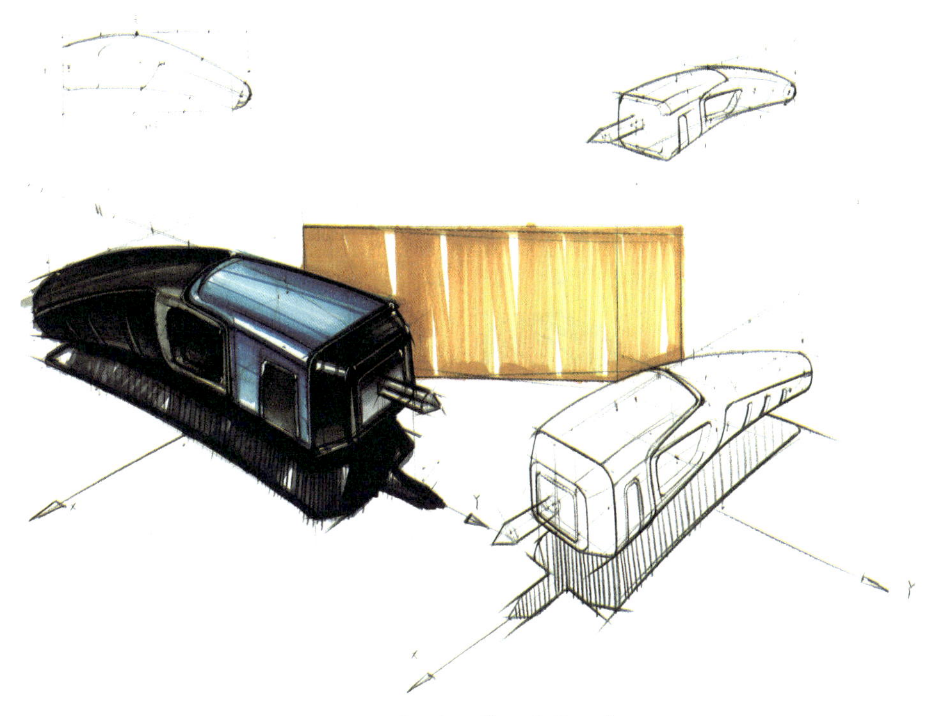

图11-82　汤赟翌个人作品欣赏（十二）

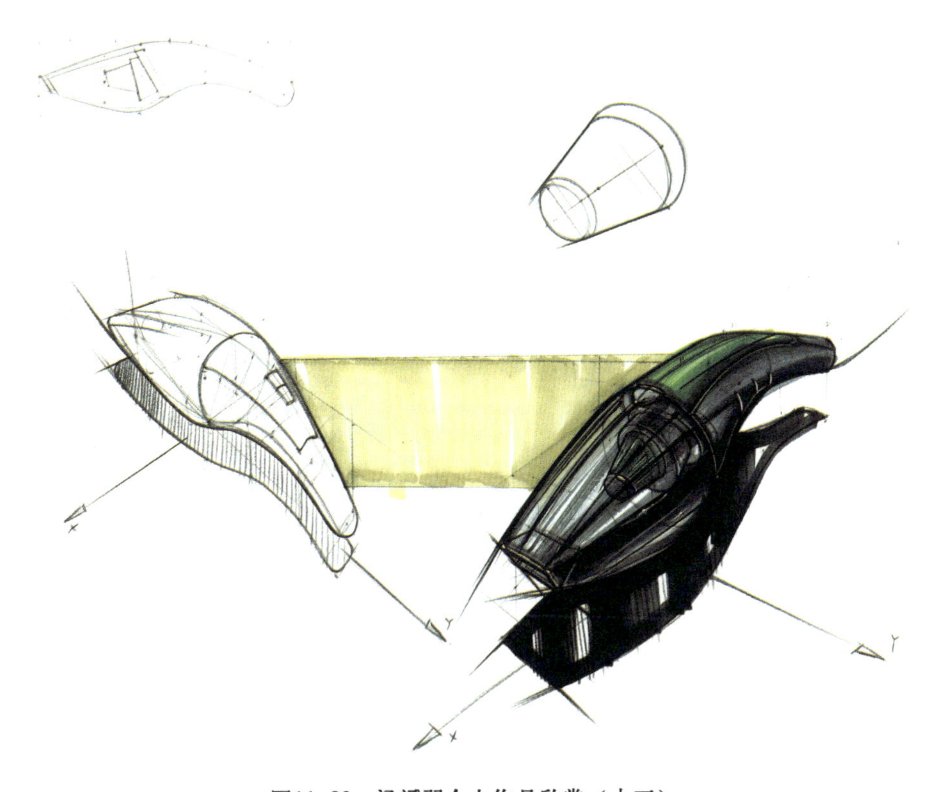

图11-83　汤赟翌个人作品欣赏（十三）

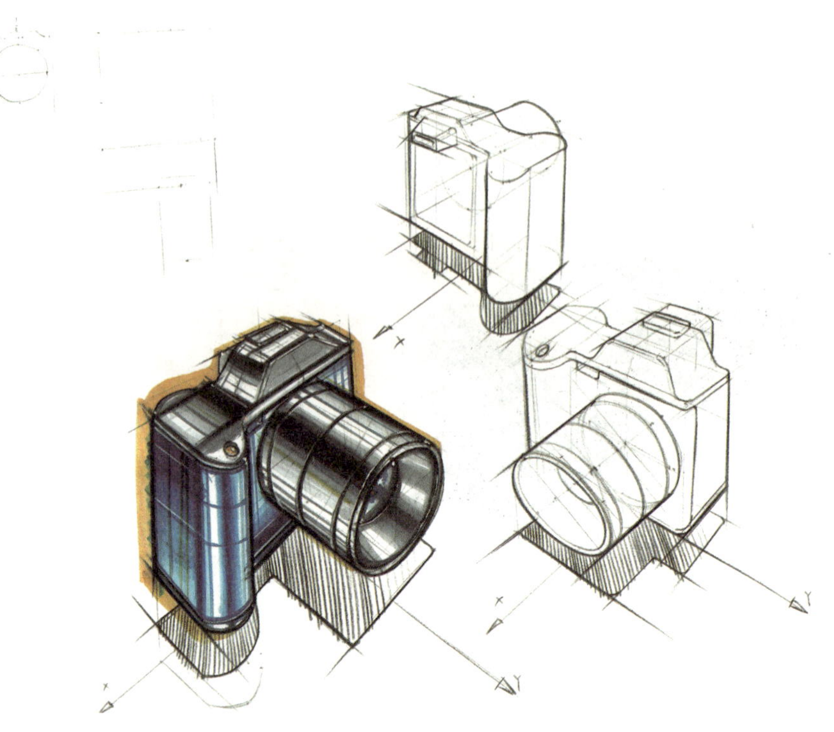

图11-84　汤赟翌个人作品欣赏（十四）

图11-85　汤赟翌个人作品欣赏（十五）

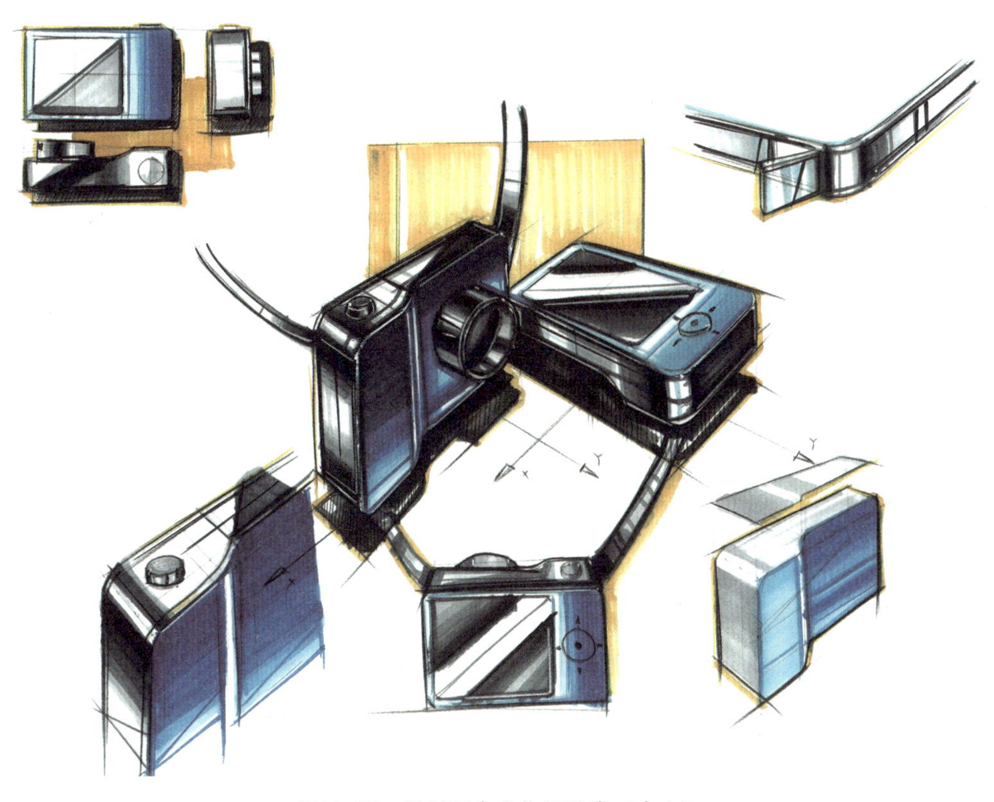

图11-86　汤赟翌个人作品欣赏（十六）

图11-87　汤赟翌个人作品欣赏（十七）

参考文献 References

[1] 邓嵘. 产品设计表达［M］. 武汉：武汉理工大学出版社，2009.

[2]［美］埃伦·勒普顿. 设计，三步成师！跟着我找设计想法［M］. 于军，译. 北京：电子工业出版社，2012.

[3] 胡雨霞，梁朝昆. 再现设计构想：手绘草图/效果图［M］. 北京：北京理工大学出版社，2006.

[4] 李和森，蔡霞. 麦克笔快速技法解析：产品设计快速表达篇［M］. 武汉：湖北美术出版社，2011.

[5]［英］提摩西·欧·唐纳尔. 窥探大师的草图本：31位设计师的创意笔记［M］. 金黎晅，译. 上海：上海人民美术出版社，2012.

[6]［美］斯科特·多尔利，斯科特·维法特. 别再羡慕谷歌：人人都可以有的创意空间［M］. 北京：电子工业出版社，2014.

[7]［荷］库斯·艾森，罗丝琳·斯特尔. 产品手绘与创意表达［M］. 王玥然，译. 北京：中国青年出版社，2012.

[8] 曹学会，袁和法，秦吉安. 产品设计草图与麦克笔技法［M］. 北京：中国纺织出版社，2007.